U0348915

# 渡过

## 青少年抑郁康复家庭指南

张进渡过团队 —————— 编著

机械工业出版社
CHINA MACHINE PRESS

青少年抑郁，最常出现于抑郁症和双相障碍中，病情表现和治疗康复都非常复杂，仅仅靠看病吃药、做心理咨询是不够的，还需要社会的支持，尤其是父母的支持。本书是国内极具影响力的青少年抑郁解决方案平台"渡过"的实践总结，全书共包括四部分，分别涉及青少年抑郁发作的特点和成因、抑郁发作青少年的常见问题及应对（厌学休学、沉迷于游戏和手机、有自伤自杀倾向等）、如何改善青少年抑郁状况（家庭支持、心理支持等）以及落地实战的抑郁完整解决方案。希望家长在了解青少年抑郁的基础上，获得一些应对常见问题的思路和方法，从而帮助孩子早日走出抑郁的阴霾，回归社会生活。

**图书在版编目（CIP）数据**

渡过：青少年抑郁康复家庭指南 / 张进渡过团队编

著 . -- 北京：机械工业出版社 , 2024. 8. -- ISBN 978-7-111-76159-4

Ⅰ. B842.6；G782

中国国家版本馆 CIP 数据核字第 2024A1A799 号

机械工业出版社（北京市百万庄大街 22 号 邮政编码 100037）

策划编辑：刘利英　　　　责任编辑：刘利英

责任校对：肖　琳　陈　越　　责任印制：李　昂

河北宝昌佳彩印刷有限公司印刷

2025 年 1 月第 1 版第 1 次印刷

147mm×210mm・8.25 印张・1 插页・182 千字

标准书号：ISBN 978-7-111-76159-4

定价：69.00 元

电话服务　　　　　　　　　　网络服务

客服电话：010-88361066　　机 工 官 网：www.cmpbook.com

　　　　　010-88379833　　机 工 官 博：weibo.com/cmp1952

　　　　　010-68326294　　金 书 网：www.golden-book.com

**封底无防伪标均为盗版**　　机工教育服务网：www.cmpedu.com

# 前言

　　渡过自 2018 年以来专注于青少年抑郁问题。关于这方面的数据，心理健康蓝皮书《中国国民心理健康发展报告（2021～2022）》显示：约 14.8% 的青少年存在不同程度的抑郁风险，其中 4.0% 的青少年属于重度抑郁风险群体，10.8% 的青少年属于轻度抑郁风险群体。青少年抑郁检出率随年级升高而增高，一成多的高中生存在重度抑郁风险。

　　这些数据和渡过的观察是吻合的。2017 年以来，渡过的读者自发组成了 200 多个社群，其中家长群就有 180 多个，数量增长飞速，近 10 万家长每天在群里讨论孩子的抑郁问题。此外，有超过 2 万多个家庭参加过渡过的各种疗愈活动。2019 年，我们开始做抑郁青少年社群，2021 年年初，渡过的孩子们自己做了公众号"渡过青春号"，半年时间，粉丝量就突破了 1 万。

　　我们发现，近年来青少年抑郁的一个特点是发病人数增多，发病年龄也有所提前。2018 年我们刚做青少年抑郁的相关内容时，来的孩子大多是 15 岁以上的，后来越来越小，最小的才 7 岁。症状复杂是青少年抑郁的另一个特点。青少年抑郁和成年人不一样，他们的大脑、心理都在发育中，抑郁和成长中的问题交错在一起，有的还并发焦虑障碍、冲动控制障碍、进食障碍等，这些是系统问题，处理起来比成年人更加复杂，需要寻找整体解决方案。

关于青少年抑郁高发的成因，据我们的观察，主要有以下几点。

第一，学业压力问题。调研发现，高达 81% 的教育工作者认为青少年心理健康问题与学业压力存在着较为明显的关系，64% 的青少年学生认为心理健康问题与学业压力有关。在快速变化的社会中，焦虑和紧张情绪无疑会通过家长、教师传递给青少年，这些焦虑的外显表征就是学习时长增加、课程难度增加，等等。焦虑大众化的本质是对落后的担忧，也许并非人人都想争先，但至少大家都不愿落后。孩子们不仅要学很多东西，还要比别人学得更多，这就叫"剧场效应"——为了看得更清楚，前排一个人站起来，后排的人就要跟着站起来，最后全场都站起来——所有人都很累，最后的结果却差不多。

第二，人际关系问题。我们发现，人际问题和青少年抑郁的关系越来越大，包括家校关系、师生关系、同伴关系。在学校方面，家校关系比以前更加紧张，当然这个问题很复杂，不能简单地怪谁，但不管怎么样，家校关系、师生关系的紧张，已经转而影响到了孩子的心理健康。再说同伴关系，现在学校里的同学关系很复杂，因为同学之间要处理"竞争与嫉妒"的危机。例如，有些女孩的抑郁常常和"闺蜜矛盾"有很大关联。一位参加渡过项目的女孩讲了一件让我们印象很深的事：她和她的同学住在同一个小区，互相能看到对方窗户的灯光。后来她发现，这位同学晚上会悄悄把自家的大灯关掉，假装睡觉，然后开小灯偷偷学习。她知道后特别伤心，说这是她抑郁的导火索。你会发现，许多在成人世界中才会出现的"利益冲突"已经下移到孩子的世界了，这对于孩子而言是很难处理的问题。这样的状况还会逐步凸显，当学校里有情绪困扰和人格障碍倾向的孩子越来越多时，他们在同伴关系中受到伤害的可能性也就越高。孩子们都在用并不够成熟的方式来处理人际关系，或是发泄自己的情绪，这样做容易"误伤"到同伴，并由此造成更多次生灾难。

第三，孩子成长中自身的问题。很多孩子因为不快乐而特别爱思考人生，这不奇怪，因为快乐会让人光顾着快乐，不快乐才促人思考。社会很复杂，而孩子比较纯洁，有些社会现象会给孩子带来冲击，如果他们不能接受，就会难过、伤心，甚至怀疑人生。

第四，生活方式问题。有些孩子告诉我，他们从早上 7 点钟进校门，到傍晚五六点钟离校，一天中的时间多用于学习，缺乏运动锻炼。还有些孩子沉迷于网络，影响了自己的学业和日常生活。这些不良的生活方式都不利于孩子的心理健康发展。

这些现象背后的深层原因是家长的焦虑。焦虑的本质是求而怕不得，谁都追求幸福，但人们有时对如何过得幸福的理解比较狭窄，很多人不是追求自己幸福，而是追求比别人更幸福，这就会导致焦虑。家长的焦虑向下传递，集中到青少年身上，也会使青少年感受到压力。

以上是我对青少年抑郁持续增长原因的分析，近三四年来，渡过都在试图解决这个问题，并且做了一些相关的探索。我们首先从家长入手，因为最先找我们的是家长，"谁痛苦，谁改变"，孩子出了问题，最痛苦的是家长，家长的需求也正是促成本书出版的重要因素。

本书主要根据渡过公众号中有关青少年抑郁的文章整理而成，包括渡过创始人张进老师关于建立青少年抑郁康复生态疗愈体系的相关演讲及文章。渡过公众号创办于2015年，目前已发表原创文章2000多篇，涵盖抑郁科普、患者故事、家属心得、互助案例等内容。我们从公众号文章中选取了70多篇加以整合，形成了本书的主体内容。

全书共包括四部分，分别涉及青少年抑郁发作的特点和成因、抑郁发作青少年的常见问题及应对（厌学休学、沉迷于游戏和手机、有自伤自杀倾向等）、如何改善青少年抑郁状况（家庭支持、心理支持等）以及落地实战的抑郁完整解决方案。我们希望家长在了解青少年抑郁的基础上，获得一些应对常见问题的思路和方法，从而帮助孩子早日走出抑郁的阴霾，回归社会生活。

本书内容来自以下作者在公众号上发表的文章或演讲，他们是张进、王智雄、李香枝、赵云丽、祝卓宏、梁辉、刘艳、于德志、夏生华、邹峰、郑玫、王骏、黄鑫、张瑞宽、苗国栋、宋崇升、山竹、祈祷、小桃子、于芷渲、伊林、甘照宇、瓶子、张鹏飞，感谢他们为渡过和本书做出的贡献。

青少年抑郁非常复杂，光靠看病吃药、做心理咨询是不够的，要想真正改善青少年抑郁，就需要创造一个生态环境，形成支持网络，通过药物治疗、心理治疗和社会支持，在人为模拟现实中，让孩子们自我疗愈和相互疗愈，最终找到自身价值，恢复生命活力。故此，本书也介绍了渡过近年来在国内抑郁康复领域所做的创新探索和实践。我们找到了方向，但远不能看到终点。

本书从 2021 年下半年开始策划，倾注了已故渡过创始人张进老师深切的期望。他曾多次表示：抑郁症不是简单的疾病现象，而是社会现象、文化现象，是整体生活方式的问题。渡过所做的事不仅是在支持抑郁症康复，也是在构建精神健康的社会支持系统，进而推动社会的局部改变。因此，本书不仅是一本青少年抑郁康复科普书，也是大众看当代中国社会问题的一个窗口。

这本书的出版寄托了渡过团队对张进老师深切的缅怀，以及以此为始、继续努力的决心。。

渡过团队

2024 年 12 月

A
Adolescent
Depression
D

# 目录

第一部分

# 认识青少年
# 抑郁症

Adolescent
Depression

Adolescent
Depression

# 第 1 章

# 抑郁症与青少年抑郁症

如今，抑郁症好像是一个大家都很熟悉的名词。在网络上，抑郁症成为热门名词，知乎、微博上"抑郁症"话题的讨论热度居高不下，甚至著名音乐应用程序都有一个外号叫"×抑云"，抑郁好像已经成了一件很普遍的事。

但现实和网络似乎不太一样。在现实中，当人们确诊为抑郁症时，他们可能会羞于去医院检查，不愿意和别人提起这件事，害怕朋友因此远离，以及被家人嫌弃。家人也会陷入纠结，不敢把亲人患病的事情讲给老人和亲戚听，害怕老人无法接受，以及亲戚在背后议论纷纷。确诊为抑郁症之后，还能够拥有正常的生活吗？抑郁状态调整好后，未来找工作会有阻碍吗？住进了精神病院，日后还怎么在社会中生存呢？这些问题一直压在患者和家属的心中。

这一切的恐惧与不安，都来源于患者和家属对大众的认知，即普通人对抑郁症存在偏见，对抑郁症患者存在歧视行为。这个认知是准确的吗？普通人对抑郁症会有偏见吗？如果有的话，真实的抑郁症是怎样的呢？

## 真实的抑郁症是什么样的

在了解真实的抑郁症之前，我们首先需要明确大众对抑郁症的认知偏见。

### 对抑郁症的偏见

调查研究表明，大众对于抑郁症的确存在认知误区。渡过咨询师、父母学堂主编黄鑫认为，公众对于抑郁症的态度整体偏消极，呈现出以下四类偏见。

#### 脆弱的人容易得抑郁症

就"抑郁情绪是否等同于抑郁症"这个问题，从大数据直接分析可知，仅有三成的被调查者选择了"概念上有重合的部分"这个正确答案，有七成的被调查者选择了"是不等同的""是等同的""不清楚"的错误答案，这说明大众对抑郁症和抑郁情绪之间的区别与联系所知有限。对于疾病认知不清晰可能会导致大众随意使用"感觉我要得抑郁症了""我抑郁了"这样的语句来形容自己糟糕的心情，从而使大众对于抑郁症群体的认知出现偏差，认为抑郁症患者可能只是心情有点儿糟糕，休息一段时间就好了。

就"抑郁症的病因"这个问题，数据显示，选项中被选百分比最低的一项为"生理上的不可抗因素",仅占 4.19%,这说明大众对抑郁症的理解更多地停留在心理层面上,而忽略了生理因素可能带来的影响。大众不了解抑郁症的表现和发病原因,部分调查者对于抑郁症的看法负面且片面,这就导致人们对抑郁症患者产生了刻板印象:抑郁症是不是就是心情不好?得了抑郁症的人是不是意志力不够坚定,承受不了打击?抑郁症不就是无病呻吟嘛,动不动自杀自残,博得关注罢了……这样不负责任的主观推断对于抑郁症患者来说是巨大的打击,也让家属感到坦白自己的孩子有抑郁症是一件没有面子的事情。

抑郁症患者很危险

普通人对抑郁症的态度偏向于负面和回避,这可能与大众媒体的报道有关。现在关于抑郁症的新闻报道多以负面的时事消息为主,且为了博取浏览量,标题会直接将抑郁症放在重要位置。"女子患抑郁症跳河轻生,因微胖浮河上 17 分钟获救。""好险,女子患抑郁欲跳楼,校长递水一把拉回。"如果光看标题,普通人可能就会认为,抑郁症患者都会做出一些危险举动,"怎么又是抑郁症的人自杀啊"。其实有数据统计,中国仅有 4 成自杀死亡者在自杀时患有抑郁症。可媒体的片面报道和贴标签式的文字会让普通民众认为自杀的人都得了抑郁症,抑郁症就是想不开了,抑郁症患者很容易放弃自己的生命,等等,全然忽略了抑郁症患者强烈的求生本能。他们看不到抑郁症患者的痛苦,只看到抑郁症患者"轻易放弃自己的生命",还忽略了不同程度抑郁症的不同。

媒体忽略原因的报道从某种层面上对抑郁症本身和患者本人加注了一层危险、暴力的意义。例如,"男子常抽烟被父母唠叨,用剪刀把生殖器剪掉"消息中"索性""抑郁状态""惨叫"的字眼加重了抑郁症患者的负面形象。报道者对于这些行为表现的关注弱化了当事人本身的病人形象，不关注背后的家庭、生理、心理等原因，仅仅凸显了抑郁症的"冷酷无情"。

抑郁症不用住院

在"您认为什么有助于缓解，甚至帮助抑郁患者康复"的问题中，相比于寻求适当的专业医学救助，更多的人认为"多做自己喜欢和高兴的事"会缓解抑郁症状，其他的方法则排在后边，这说明大众对于抑郁症的治疗方法了解甚少，而且大众不仅对于抑郁症患者服药、接受电击治疗、住院治疗等不理解，还会产生误会。"住院是不是说明这个人是神经病？""得这个病还要吃药吗？那是不是说明病情很严重啊？"

目前，社会对抑郁症预防治疗、社会救助的关注度可能仍然不够，致使普通人对抑郁症的救治不够了解。如果听到抑郁症患者住进精神病院的消息，普通人可能会感到害怕、恐惧，避之唯恐不及。

得抑郁症的好处很多

这一类偏见主要是针对网络上抑郁症泛滥的现状。明星吸毒？那是得抑郁症了。某名人做出不当行为？那是得抑郁症了。某网民四处招摇，惹出争端？那是他抑郁了，不能控制自己的情绪……不知道从何时开始，抑郁症变成了一个很好的"背锅侠"，所有负面行为都可以用抑郁症来解释。抑郁症也成了部分人眼中的救命稻草：比如确诊为抑郁症就可以休学了；"我抑郁了，大家都应该来关爱我"；"因为我抑郁、焦虑了，所以我的行为都是情有可原的"。

## 建立对抑郁症的正确认知

大众对抑郁症存在的认知偏见让人谈之色变，但真实的抑郁症是什么样的？北京渡过诊所首席专家、在北京回龙观医院临床一线工作近 20 年的王智雄医生首先对"抑郁就是抑郁症"的常见误区进行了澄清，并结合《国际疾病分类》（ICD-10）与美国《精神障碍诊断与统计手册》（DSM-5）介绍了抑郁发作的临床诊断标准。

在大众认知中，抑郁可以指抑郁情绪、抑郁症状或抑郁障碍。抑郁情绪是人的负性情绪体验中的一种，我们熟知的还有焦虑、恐惧、愤怒等。抑郁情绪表现为情绪低落、沮丧、悲伤、绝望等不同的形式，但它并不专属于抑郁症的表现，也可以出现在焦虑症、强迫症、精神分裂症等其他多种心理疾病中。

抑郁症状通常指抑郁的各种常见症状。除了抑郁情绪，还包括以下表现：兴趣减退、缺乏乐趣、易疲劳、活动减少、注意力不能集中、自我评价和自信降低、悲观、出现自伤和自杀的观念或行为、食欲减退、睡眠障碍等。

患有抑郁障碍的个体不仅会出现抑郁情绪，还会出现抑郁症状。并且，抑郁情绪的程度过强、持续时间过长，以致明显与个体所处环境不符，造成了个体显著的内心痛苦，或者影响了个体正常的功能，给生活、学习、工作、人际交往等带来障碍。比如，某个人在一天的大部分时间里都存在低落、沮丧的抑郁情绪，对以前喜欢的事情不感兴趣了，觉得什么都没意思，经常感到疲惫乏力，经常失眠，同时存在缺乏乐趣、易疲劳、睡眠障碍等抑郁症状，他不仅因此感到非常难受，难以调整，而且无法正常学习，那么这时候就可以说，他很可能存在抑郁障碍。

抑郁障碍包括破坏性心境失调障碍、重性抑郁障碍、持续性抑郁障碍（恶劣心境）和经前期烦躁障碍、物质或药物所致的抑郁障碍、由于其他躯体疾病所致的抑郁障碍等。

我们通常所说的抑郁症，是抑郁障碍中最常见的一种类型，主要指的是重性抑郁障碍或者抑郁发作。这里的重性抑郁障碍，是 DSM-5 中直译过来的术语，并非指抑郁的严重程度属于重度，而抑郁发作是目前国内绝大部分医院参照的 ICD-10 中关于抑郁症的诊断名称。重性抑郁障碍和抑郁发作一样，分为轻度、中度和重度。

ICD-10 是 1992 年发布的，距今已经过去 30 多年了，DSM-5 则于 2013 年发布，相对更与时俱进，而 2018 年发布的 ICD-11 尚未正式被广泛应用于国内主流医院，且 DSM-5 和 ICD-11 更相似，所以很多时候，医生会以 DSM-5 来做临床诊断。在进行科研时，国内外研究都更多采用 DSM 系统。在国内大众的称呼上，抑郁症因其更加通俗易懂和口语化的特点，应用更为广泛，就像焦虑症、强迫症一样。

抑郁发作最常见于抑郁症和双相障碍中，但是也可以出现在焦虑症、强迫症、孤独症、注意缺陷与多动障碍等众多精神障碍中，成为共病。双相障碍通常既有抑郁发作，又有躁狂发作，可以理解为两个面相，即一个抑郁相，一个躁狂相，不过在临床中，确实有极少数患者只出现躁狂发作，没有抑郁发作。而我们通常所说的抑郁症，诊断时必须同时满足以下 4 点：

（1）症状引起有临床意义的痛苦，或导致社交、职业或其他重要功能方面的损害。

（2）症状不能归因于某种物质的生理效应或其他躯体疾病。

（3）抑郁发作的出现不能用分裂情感性障碍、精神分裂症、妄想障碍等精神分裂症谱系及其他精神病性障碍来更好地解释。

（4）从无躁狂或轻躁狂发作。

这里还要强调一下，虽然临床有严重程度的诊断分级，但这并不等同于患者实际感受到的严重程度，符合轻度抑郁发作条目数的患者，其内心的痛苦程度和其功能及生活损害程度可能比符合中度条目数的人更严重。分级的意义在于及时指导，给予更适合个体的干预方式，所以在实际治疗时，我们不仅需要参考诊断条目数，还需要对患者的自身感受、日常生活、社会功能、风险因素等进行综合的临床判断。

拓展
阅读

## 抑郁发作的症状诊断标准（ICD-10）

1. 核心症状

（1）心境低落

（2）兴趣与愉快感丧失

（3）精力减退，易疲劳

2. 其他常见症状

（1）集中注意和注意的能力降低

（2）自我评价和自信降低

（3）自罪观念和无价值感

（4）认为前途暗淡悲观

（5）自伤或自杀的观念或行为

（6）睡眠障碍

（7）食欲下降

3. 病程标准

≥2 周（症状必须持续 2 周及以上）

4. 不同程度抑郁发作的判断标准

（1）轻度抑郁发作：2 个核心症状 +2 个其他常见症状

（2）中度抑郁发作：2 个核心症状 +3 个或 4 个其他常见症状（最好是 4 个）

（3）重度抑郁发作：3 个核心症状 +4 个其他常见症状

# 重性抑郁障碍的症状诊断标准（DSM-5）

1. 核心症状

（1）心境抑郁

（2）丧失兴趣

（3）丧失愉快感

2. 其他常见症状

（1）心境抑郁，儿童青少年可表现为心境易激惹

（2）兴趣或乐趣明显减少

（3）体重变化，明显减轻或增加（1 个月内体重变化超过原体重的 5%）

（4）失眠或睡眠过多

（5）精神运动性迟滞或激越

（6）疲劳或精力不足

（7）无价值感，过度的、不恰当的内疚

（8）思考或注意力集中能力减退，或犹豫不决

（9）反复出现死亡的想法、自杀意念、自杀企图或自杀行为

3. 病程标准

≥2 周

4. 诊断标准

1 个核心症状 +5 个其他常见症状（核心症状满足 1 个及以上、其他常见症状满足 5 个及以上）

## 青少年抑郁症个案分析

### ○ 案例

琪琪，女，15 岁，9 月份开学升初三后，逐渐变得郁郁寡欢，不爱说话，不爱社交，总是心情很差的样子，容易因为一点小事就哭泣和发脾气。晚上睡得很晚，经常 2 点后才能睡着，早上起不来床，勉强去了学校也总是说累，心慌胸

闷，不想动，懒散得厉害。上课时注意力不能集中，慢慢地跟不上课程进度，频繁请假，现在到了 11 月份，最近两周直接不去上学了。认为自己什么都干不好，什么也不想干，以前的爱好，如画画、弹琴和唱歌等，现在都很少做了，觉得没意思。说自己有厌蠢症，觉得自己很蠢，讨厌自己，认为自己很差劲，未来没有希望。偶尔会说自己不想活了，想自杀，并用美工刀划破手腕。待在家里时经常看手机、玩游戏，和父母很少沟通，吃饭不规律，经常说没胃口。

症状表现：个案的核心症状包括情绪低落，兴趣减退，精力不足，易疲劳。其它症状包括注意力不能集中，自我评价降低，认为前途悲观，有自伤行为和自杀想法，睡眠障碍，食欲下降。一共 3 个核心症状，6 个附加症状，病程持续 2 个月，根据 ICD-10，符合重度抑郁发作的症状标准。但是此时还不能诊断为重度抑郁发作，还需要进一步做鉴别诊断。

例如：①如果进一步询问，发现琪琪也出现过异常兴奋高涨、精力旺盛、活动增加等躁狂表现，那就需要考虑是否符合躁狂或轻躁狂发作，诊断是否为双相障碍；②如果进一步询问，发现琪琪存在精神病性症状，如凭空听到有人说话的幻听症状，或者存在被跟踪、被监视、被迫害、被议论感，又或者琪琪本人并没有明显的痛苦感，觉得自己没有心理问题，那就需要考虑到底是伴有精神病性症状的重度抑郁发作，还是精神分裂症引起了类似抑郁发作的表现；③很多社交焦虑症患者也会有类似的上述表现，那么就需要考虑是否先有社交焦虑症，继发了抑郁，或者抑郁发作共病社交焦虑症。④要排除使用某种物质的生理效应，如过度饮酒等，也要排除可能引起抑郁发作表现的某些身体疾病，如甲状腺功能减退、心脏病等；⑤判断抑郁发作的出现不能用分裂情感性障碍、精神分裂症、妄想性障碍等精神分裂症谱系及其他精神病性障碍来更好地解释。

综上所述，分析青少年抑郁症个案时，先要判断是不是病理性的抑郁发作，再做各种鉴别诊断，最后才能做出青少年抑郁症或双相障碍的诊断。

## 青少年抑郁的界定、成因和共病

青少年抑郁，顾名思义，就是在青少年期出现的抑郁发作。青少年期是个体从儿童到成人的心理发展转变的关键期，是个体从家庭走向社会独立的过渡阶段，有着不同于儿童和成人阶段的显著特点。

考虑到世界卫生组织（WHO）定义青少年的年龄范围为10~19岁，并将成人的年龄分界定为18岁，以及我国学生普遍从12岁开始接受6年的中学教育，本书将青少年的年龄范围界定为12~18岁，青少年抑郁则特指12~18岁出现的抑郁发作。

### 青少年抑郁的临床诊断

在王智雄医生为我们澄清什么是抑郁发作的时候，我们可以看出，无论是ICD-10，还是DSM-5，关于抑郁症的诊断标准并没有做年龄上的划分，而DSM-5也仅在其他常见症状中提到，"当心境抑郁时，儿童青少年可表现为心境易激惹"。也就是说，除了青少年心境抑郁这一项（这一描述是因为青少年和成人在言语表达及情感成熟度方面存在重要的发展差异），青少年抑郁症的诊断标准和成人抑郁症的诊断标准基本一样。此外，因青少年正处于体重自然增加阶段，在判断体重变化的症状时，还需要考虑未增加的预期体重，而不仅仅是体重的显著减轻或增加。

虽然青少年抑郁症的诊断标准和成人抑郁症的诊断标准基本一样，但是在青少年期，抑郁症的表现方式可能略有不同。青少年抑郁症的典型表现可能包括疲劳、易怒和愤怒，以及与行为相关的问题，如在学校表现不佳、伙伴关系或其他人际关系不良等。

## 青少年抑郁症共病

共病，顾名思义就是同时患有两种或两种以上的病症，也就是说，除了抑郁症状达到诊断标准以外，同时还有其他一种或多种精神心理病症达到诊断标准。

这里提到的诊断标准是根据诊断标准指南（如 DSM-5、ICD-10/11）确定的，只有标准指南判定能够达到"病症"程度的，我们才算作共病。接下来，我们就来谈谈青少年抑郁症的共病情况。

### 青少年抑郁症共病概述

青少年抑郁症共病的概率高达 70% 以上，也就是说，10 个患抑郁症的青少年中，至少有 7 个以上同时还患有另外一种病症，这种情况是非常普遍的。

所以，每当我们面对抑郁症人群，尤其是患抑郁症的青少年的时候，我们不能够认为他们只是患有抑郁症，他们很可能还伴随其他的病症。不管这些病症跟抑郁症的关系是并列的、平行的，还是有先后、有因果的，我们都需要有鉴别和排查的意识。如果发现患者有共病的情况，那我们很可能需要兼顾处理，否则治疗效果就会大打折扣。

青少年抑郁症的高共病率

青少年抑郁症的共病率比成年人更高，王智雄医生认为可能有以下三方面原因：

**第一，儿童早期的精神障碍增加了患儿在青少年期患其他精神障碍的概率。**例如，孤独症谱系障碍患儿在青少年期患焦虑障碍、抑郁障碍、强迫障碍的概率会增加；注意缺陷与多动障碍患儿在青少年期患对立违抗性障碍、品行障碍、焦虑障碍、抑郁障碍、双相障碍的概率会增加。

**第二，抑郁症本身的症状及其影响容易引起其他精神症状，导致其他精神障碍的出现。**青少年抑郁症较成人更容易慢性化发展，因为青少年对抗抑郁药物的敏感性比成人低，且儿童精神科医生更为稀缺，这很容易导致青少年抑郁症状迟迟不能缓解、抑郁持续时间较长，表现出自信心下降、自我评价过低、精力不足、悲观绝望等状态，并逐渐引起焦虑症、回避型人格障碍等。

**第三，青少年身心发展阶段客观的脆弱性。**无论是身体发育还是心理发育，青少年在这一阶段都处于迅速变化期，孩子们的人格尚未成熟稳定，又面临着许多导致精神障碍的生物学因素、心理因素和社会环境因素的挑战，身心的易感性加上多方的致病源，很容易让青少年产生各种行为、情绪和思维上的问题。

青少年的精神症状比成人更加复杂多变，而目前的精神障碍诊断标准是以症状学的视角描述的，同样的一种精神症状可能做出多种精神障碍的诊断，从而增加了精神障碍共病的情况。例如，很多青少年患抑郁症的同时还患有创伤后应激障碍，而儿童期的创伤经历也增加了长大后患抑郁症的概率。在不良的家庭环境、学校环境和社会环境中成长的青少年，更容易患焦虑症，从而产生多种共病。

### 青少年抑郁症的常见共病

青少年抑郁症的常见共病有焦虑症、注意缺陷与多动障碍、强迫症、进食障碍、物质使用障碍、游戏障碍等。其中，以青少年抑郁症共病焦虑症最为常见，约 15%～75%。共病性焦虑抑郁与单一类型不同，与非焦虑性抑郁症患者相比，焦虑性抑郁症患者会产生更严重的功能损伤和更多的自杀意念，一定要及时识别和积极治疗。

抑郁障碍分为很多种类型，例如抑郁发作、心境恶劣（持续性抑郁障碍）、经前期烦躁障碍等；焦虑障碍也分为很多种类型，例如广泛性焦虑障碍、社交焦虑障碍、惊恐障碍、分离性焦虑障碍等。青少年抑郁症共病焦虑症可以由 1 个及以上不同类型的抑郁障碍和 1 个及以上不同类型的焦虑障碍组合而成，甚至可以同时共病 4 个以上的抑郁和焦虑类型，例如，某患者可以同时患有抑郁发作、心境恶劣、社交焦虑障碍和惊恐障碍。

青少年抑郁症和青少年抑郁症共病其他精神障碍的诊断、鉴别诊断往往比成人更加困难与复杂，家长带患者就诊时，一定要尽可能详尽地提供孩子所有的可疑症状，让医生对孩子进行充分细致的精神检查，提高诊断的准确性和全面性，避免误诊、漏诊，给出包括药物治疗、心理支持和环境干预等更加全面、准确的治疗方案。

## 青少年患抑郁的原因

孩子本应天真烂漫、纯真无邪，没有太多心思和忧虑，为何也会抑郁?

青少年抑郁症的发生,不外乎是生物、心理、家庭、学校、社会等诸多因素作用的结果,没有一种属于特殊因素或者特异性因素。中国科学院心理研究所的祝卓宏教授指出,如果孩子患有抑郁症,可以从以下五个方面综合分析。

**遗传因素**

有研究表明,患抑郁症的儿童青少年中约71%有精神障碍或行为障碍家族史,家族内发生抑郁症的概率约为普通人的8~20倍。目前,越来越多的研究集中在抑郁症易感基因上,已经有几个候选基因与抑郁症的相关性得到了验证。

不过无论如何,抑郁症都不是遗传病,而只是有一定的遗传度,个体抑郁症的发生发展依赖于基因与环境、基因与基因间复杂的交互作用。

**个性认知心理因素**

患抑郁症的青少年多属敏感内向的抑郁气质类型,比较在乎他人的评价、自我评价低、容易孤僻不合群、适应人际环境能力差、对挫折的耐受性差、易激惹、情绪不稳定,因此遇到挫折时容易抑郁。

孩子的认知易感因素也是导致抑郁发作的重要原因,主要包括消极的归因方式、消极的自我评价、功能失调的态度以及思维反刍。消极的归因方式可能导致绝望感和思维反刍(冗思),消极的自我认知可能导致功能失调性态度,而思维反刍、功能失调及绝望感会导致抑郁情绪发生。有的孩子在咨询中会说"如果我考不上高中,那我的人生就完蛋了",这就是典型的认知偏差。甚至有的孩子拿到不理想的成绩，就觉得"没脸回家见人"，出现极端自杀行为。

心理僵化也是导致孩子患抑郁症的重要因素，主要表现为脱离现实的思维模式、经常幻想或担忧未来、不能区分想法与事实而把想法当真、回避挑战或学习压力，等等。僵化的心理会使孩子无法适应环境变化，不能建立良好的人际关系，从而导致恶性循环。

### 家庭教养因素

不良的家庭亲子关系、夫妻关系都会影响孩子的心理健康，导致抑郁症。有研究表明，儿童青少年抑郁症与父亲的关系不是很密切，与母亲有密切关系，特别是早年丧母的创伤事件，会对他们患抑郁症产生重要影响。

父母的婚姻质量也与儿童青少年抑郁症相关，父母离异、分居对孩子的影响更大。儿童青少年抑郁症与父母婚姻破裂之间存在明显关系，女孩比男孩更容易受父母离异的困扰而患抑郁症。

关于教养方式的研究表明，父母对孩子的严厉惩罚、过度干涉和过度保护都会导致或加重青少年的抑郁症状。此外，家庭经济状况也是重要的影响因素，家境贫寒的青少年患抑郁症的概率更高。

### 同伴关系及社会支持因素

人类心理的健康发展需要良好的人际关系，强大的社会支持网络可以帮助人们缓冲各种压力。对于儿童发展来说，亲密的同伴关系如同空气一般重要。但是，由于家庭教育不当，或者父母过分地保护和溺爱，越来越多的孩子不善与他人建立同伴关系。大量研究表明，良好的社会支持与抑郁症有较高的负相关，或者说，良好的社会支持网络是抑郁症的重要防护网。

应激性生活事件

青少年抑郁症的促发因素往往是生活和学习中遇到的压力，即各种应激性生活事件。有研究表明，寄养的孩子在抑郁量表上的得分高于非寄养的孩子，他们突然离开了原来的家庭、朋友、学校，以及熟悉的一切，因而可能会感到压力，这在住校的孩子中比较常见。孩子过早住校就属于应激性事件，父母需要考虑孩子的心理承受力。有几个中学生从小学就开始一直住校，在家上网课的时候不适应与父母天天在一起的生活，感觉被监管，从而和父母发生了冲突，导致抑郁症。

因躯体疾病住院也属于应激性生活事件，容易引发抑郁，住院可能会扰乱孩子正常的学习和生活秩序，加上挫折感或限制感、与熟悉环境分离，孩子容易产生自卑感，变得不知所措，焦虑不安。

另外，发生在孩子和同伴及师生之间的矛盾冲突，往往也是导致孩子患抑郁症的重要诱因。

抑郁症之所以更频繁地出现在人们的视野里，也说明社会对于精神卫生问题有了更多的重视。近些年来，随着人们对精神健康问题认识的不断加深，越来越多的人会对身边人呈现出的迹象表现得更敏感，也更主动地去关心或伸出援手，这样一份关心也应该被延伸到孩子们身上。那些被人称为"坏孩子""捣蛋鬼"的问题孩子，内心也许极为痛苦，他们无助，他们困惑，他们不明白那种"钟形罩"般的窒息感从何而来。他们的攻击性与不守规矩也许只是一种试图排解沉重的绝望感的方式，相比于伤害别人，他们其实更害怕别人伤害自己。

每一例青少年抑郁症背后都有很多家庭因素或学校因素。所有家长和精神科医生都应该记住，不能只把孩子的抑郁症托付给药物治疗，所有心理治疗师和心理咨询师也应该记住，不要排斥药物治疗，特别是对于有遗传家族史，以及有自伤、自杀风险的孩子。每一位家长都要知道，孩子的抑郁症是一个红色警报，提醒父母必须开始改变，必须开始倾听孩子的心声，开始耐心陪伴孩子。

抑郁症不是问题，问题是我们与抑郁症的关系，这让我们思考：什么样的生物、心理和社会家庭因素需要被改变了？

千万不要忽视青少年抑郁症，也不要只想着消除抑郁症就好了，而是要了解孩子为何抑郁，理解孩子抑郁的表现，接纳孩子的情绪行为问题，陪伴孩子走进心理治疗室，改善与孩子的沟通方式和亲密关系。

当孩子打开心扉，让爱的阳光照进他们的心底时，抑郁才会烟消云散。患抑郁症的孩子需要父母温和而坚定的抱持、敏锐而恰当的回应。

**拓展阅读**

## 孩子有病耻感意味着什么，家长应该做什么

抑郁的孩子至少五成有病耻感，这意味着"抑郁症"三个字是孩子心上的大石头。他们怕被别人排斥，其实

意味着内心的自我否定和情绪下沉。

每个大人都明白，我们越不愿面对的事，越是能够击败自己的事，也就是自己的软肋，然后在不断的自我暗示中变得无比恐惧。孩子出现情绪问题时，很多家长从内心害怕孩子治不好，从而会在孩子面前表现出痛苦、担心、不知所措的模样。他们希望帮助孩子改变现状，却常常遭遇孩子的反抗，并由此感到难过、焦虑、无力……

事实上，孩子是能够体会到父母的不容易的，但孩子越是看到父母的焦虑和恐惧，就越会感受到自己的情绪问题是一个连大人都害怕面对的事，越会害怕面对"抑郁情绪"或"抑郁症"这样的词。除了害怕被嫌弃以外，他们心里还会有深深的焦虑，即使他们不说。

渡过陪伴者、亲子营和复学营发起人梁辉将多数孩子内心深处的焦虑总结为以下两点：第一，"我的病是不是治不好了，这辈子是不是完了"；第二，"我怎么面对父母和未来"。那么，家长到底怎么做才能帮到孩子呢？梁辉分享了一些她在实际工作中的经验。

## 明白"孩子的成长像太阳一样，是不断升起的"这一道理

青年人是八九点钟的太阳，犯了错总是可以被原谅的。何况他们尚且算不上"青年人"，只能算是青春期的孩子，更何况他们也不算犯了错，而是遭遇了青春期

人人都会遇到的问题，只不过因为年龄还小，对于有些问题，孩子没有及时找到合理的情绪处理方法，这些问题便暂时积累了下来。随着孩子们的长大和心灵空间的不断扩大，曾经的问题会慢慢变小。如果能得到有效的支持，孩子会顺利渡过面对青春期情绪"磨难"的恐惧。

父母应该明白，当我们给不了他方法时，给他平静的态度无比重要。孩子没有人生经验，遇事会慌很正常，而父母有了将近半生的历练还这么慌，只能把孩子内心的"慌乱"变成恐惧。

## "没有问题"的态度是疗愈的基础

成年人同样会常常遇到烦躁、懒惰、想要逃避和发泄一下的情况，但他们通常会觉得这些不是问题，而是自己最近遭遇事件的正常反应，是情绪宣泄的需要。这样的想法是对的！

那么，为什么家长不能给孩子一个"没有问题"的态度呢？哪怕孩子的心理力量不足，哪怕逃避一下，哪怕因为无计可施而焦虑恐惧，哪怕因为没有解决问题的方法而对自己失去信任甚至失望，但对于一个正走在"渐渐长大之路"上的孩子来说，这些难道不是正常现象吗？

就像一个想自己做事情的小孩子打破了碗，用胆怯甚至恐惧的目光望着你，等着挨骂挨打。如果你发脾气或小题大做地去表达划破手的严重性，他下次还敢自己尝试做事情吗？但假如你笑笑说，"没关系，爸妈小时候也会打破碗。好孩子，把坏的碗扔掉，再拿一个就好啦"，孩子心上的恐惧一下就会消失，也不用埋下觉得自己做不好事情的种子，下次还是敢于去尝试。他会在你一次一次"不要紧，很正常"的态度中变得越来越勇敢自信。

长大的孩子在面对问题时一样会有"初次摔破碗"的心理情绪，需要看到爸妈"没问题，这很正常"的态度。如果父母没有更好的办法"润物细无声"地给孩子力量，那么，就让孩子看到父母的不慌张吧。

事实上，成年人在年轻时也一样经历过这些情绪，只是他们的父母那时候不懂，并没觉得他们"有病"，于是，在慢慢长大的过程中，一切也就真的不是事儿了。

## 青少年抑郁症的治疗

关于青少年抑郁症的治疗，王智雄医生提到，这和成人抑郁症的治疗差别较大。整体来说，青少年抑郁症的治疗难度更大，治疗方案也更加全面细致。抑郁症的发生发展本就受到生物学因素、心理因素和社会因素的多方面影响，而青少年抑郁症较成人来说，涉及的影响因素更广泛，治疗和康复的难度往往更大。

从生物学症状和疾病的角度来讲，青少年抑郁症的伴随症状和共病情况往往比成人更多、更复杂。他们在年龄更小的婴幼儿期和儿童期就可能存在某些神经发育障碍的表现，如孤独症症状、注意缺陷多动症状、抽动症状、对立违抗性障碍等，而且经常伴随睡眠障碍、焦虑症、强迫症、精神病性症状、神经性厌食症或贪食症、超重、烟酒滥用、网络或游戏的过度使用、自杀、自伤等。另外，青少年期出现抑郁发作还是双相情感障碍发生的高危因素，未来更有可能出现躁狂或轻躁狂发作，而这可能会让青少年抑郁变得更加难治，病情也更加不稳定。

青少年抑郁症在药物治疗方面有待进一步提升和发展。青少年对成人广泛使用的大部分抗抑郁药物的敏感性较低，批准适用于青少年抑郁症治疗的药物也比较少，他们出现药物副反应的情况往往比成人更多。在疾病诊断、鉴别诊断和药物治疗等方面，需要医生具备更高的诊疗水平、更丰富的诊疗经验、更积极且持续提升的职业态度。

从心理因素来说，青少年期是从童年到成年的转折时期，既包括个体从童年向青少年的转折，又包括从青少年向成年的转折，构成人生发展的重要过程（生理、认知、社会情绪）在青少年阶段的变化最为剧烈。相较于成人抑郁症，病情的多变、不稳定在青少年抑郁症中更加常见，而青少年对治疗的抵触、不依从等也更加强烈。面对这样的情况，家长很容易感到惊慌失措、焦虑和无助，这就要求治疗中各个环节的服务人员，无论是医生、心理治疗师，还是康复师，都对整个家庭更加富有爱心、耐心和细心。但目前的医疗现状是，儿童青少年精神科医生数量严重不足，诊疗水平差异大，门诊人满为患，因此很难做到这一点。

从社会因素来说，学校、家庭、社会、文化、舆论导向都是青少年的生存和生活环境，学习压力大、校园欺凌、恋爱困扰、人际关系不良、父母婚姻不和、亲子矛盾冲突、经济压力巨大、父母失业等对青少年抑郁症的治疗和康复都有着很大的影响，而这些环境因素需要整个社会和家庭的共同参与才能有所调整。因此，不能仅仅对患病的孩子进行治疗，而要以家庭为治疗单位。

## 深入了解抑郁症知识

无论是患抑郁症的青少年本人，还是其家庭成员，往往并不充分了解抑郁、焦虑、躁狂、双相、强迫、精神病等概念，很容易将常见的精神症状视为道德、品行、意志力等方面的改变。例如，抑郁症常表现出的易疲劳、精力不足等症状，会导致青少年个体在抑郁发作的急性期话少、活动减少，而青少年本人和家长则容易误认为这是懒惰、懒散的表现。青少年抑郁常表现出的易激惹、易怒会导致家长误解为叛逆和亲子对抗，而注意力不能集中、思维反应能力下降等容易让家长误解为厌学、逃学等。

所以，青少年和所有家庭成员都应该积极地学习专业的科普知识，听专业的讲座。深入了解抑郁症知识后，孩子本人能够有更多的自我觉察，家长也能对孩子有更多的了解和理解，给予恰当的支持，而不是一味地逼迫孩子要多运动、多社交、多努力学习，这样的逼迫可能会加重孩子的抑郁病情，甚至诱发自伤自杀行为。

家长在积极学习的同时，也要避免在孩子的诊断、鉴别诊断和治疗方面以专家自居，独断专行，自行判断孩子的病情，自行调药、换药和停药。家长一定要积极地与信任的医生、心理治疗师沟通自己的疑惑和想法，听取专业人士的看法后再做决策。

### 评估孩子的抑郁程度

在对孩子进行治疗时，轻度抑郁可以先不服药，而是先采取积极的非药物治疗，一线的治疗方式是心理治疗，例如认知行为疗法、适用于青少年的人际心理治疗、心理动力学疗法、行为治疗、认知治疗、问题解决疗法、支持性心理治疗等。

对于中度和重度抑郁，则推荐心理治疗联合药物治疗。目前有循证医学证据的还是以西药为主，不要因为某些舆论、新闻、影视作品，对精神药物、精神障碍患者全盘否定，而讳疾忌医或者讳疾忌药。

当孩子出现严重的自伤自杀、攻击暴力、违法违纪、严重影响个体身体健康（涉及性、过度厌食或暴食等）的高风险行为，或者反复药物治疗疗效不佳时，建议住院治疗。

### 选择合适的治疗方案

无论是药物治疗，还是住院治疗，家长都不要因为自己的喜好或偏见而延误了孩子的治疗和康复。反复思考孩子的抑郁症是怎么产生的很重要，但是怎样积极治疗孩子的抑郁症更重要；担心孩子出现药物副反应或者怕住院受到更大的伤害很重要，但是学习其他的孩子是怎么好起来的、如何避免孩子自杀更重要。

在非药物治疗方面，无抽搐电休克治疗（MECT）有助于迅速缓解抑郁症状，尤其适用于有拒食、自杀等危急表现的孩子。当充分的抗抑郁药物治疗无效，且进一步的药物治疗仍可能无效时，可以考虑 MECT；伴有妄想或者因躯体疾病不能给予药物治疗的患者，也可以考虑 MECT。

但是，MECT 常常是用于急性期抑郁的迅速缓解，并不能预防抑郁的复发，维持治疗和长期的康复还是要以药物治疗为主。其他的非药物治疗也可以考虑，例如重复经颅磁刺激治疗（rTMS）、光照疗法、运动治疗、针灸和食疗等，但是循证证据不如上述治疗方式。

### 接受家庭治疗等团体治疗模式

和普通成人抑郁症显著不同的是，患青少年抑郁症的孩子常常需要开展家庭治疗。家庭治疗是以家庭为对象实施的心理治疗模式，形式上，常常是1～2位心理治疗师和整个家庭一起工作，不着重于家庭成员个人的内在心理构造与状态的分析，而将焦点放在家庭成员的互动与关系上，从家庭角度去解释个人的行为与问题。家庭整体的改变有助于青少年抑郁个体的积极改善，其目标是协助家庭消除异常和病态的情况，以执行健康的家庭功能。

除了团体的家庭治疗以外，患抑郁症的青少年个体往往缺少朋友，容易变得孤僻，如果有条件，可以参与一些线上或线下的青少年团体活动、青少年营地等。

### 推动多方沟通与合作

除了积极的治疗和改善家庭氛围以外，家长也要积极地关爱自己。夫妻之间要学会互相支持，或寻求亲朋好友的支持，还可以参与"渡过"等抑郁互助社群，抱团取暖，从而有力地降低无助感、无力感、焦虑和恐慌感。同时，家长也要积极地和学校沟通，形成家校联盟，共同降低抑郁孩子的压力，促进孩子的康复。

　　总之，青少年抑郁的治疗和康复，需要孩子本人、家长、亲朋好友、医生、心理治疗师和老师的共同参与，多方积极沟通，协同合作。

　　由于青少年本身独特复杂的心理特点和心理症状与成人有很多不同，求医问药不当很可能会给孩子带来继发的不良影响，比如看了一次医生后再也不看医生，做了一次心理治疗后再也不愿意接受心理治疗。所以找医生和心理治疗师时，一定要尽可能寻找口碑好的临床一线医生和心理治疗师，不要一味地看头衔、职位、论文数量等。

　　希望每一个患抑郁症的青少年都能好起来，茁壮成长，摸索出自己的康复之道和生活之道。希望每一个家庭，都能以孩子抑郁为契机，重新审视自己的生命，踏上家庭的幸福之路。

### 拓展阅读

## 容易患青少年抑郁症的孩子

　　什么样的孩子容易患青少年抑郁症呢？他们身上的易感因素可能来自童年的"未完结事件"，可能来自家庭的影响，还可能来自社会的间接影响。

**童年的"未完结事件"影响了孩子的现实检验能力**

　　现实感是判断一个人心理基础和人格水平的最基础

的概念，它让我们对"我是一个什么样的人""我与他人、整个社会有怎样的关系和界线"等问题有了一个基本的认识和判断，并接纳这一切。心理咨询师山竹认为，现实感这个概念远比所描述的更加复杂，很难用三言两语解释清楚，不过我们随时可以体会到它的意义。

如果成年人的现实感比较差，就会影响很多的关系，最终会影响自己的生活和情感世界。或者也可以这样说，这虽然是个成年人，但是他没有完成"成年""成熟"的过程。比如说，他完全可以处理好上级布置给自己的工作，可以很好地处理工作中和同事的关系，甚至可以做到很高的职位，却不能把个人生活和亲密关系搞好，走不进一段亲密关系，或者进入了亲密关系后又感到怀疑、冲突、无法理顺。

这源于童年成长时期的一些"未完结事件"。

人在成长的过程中，会遇到大大小小、各种各样的事情。或者让自己快乐，或者让自己不快乐，这些事情会留存在我们的记忆中，影响我们对新的事件的反应模式，塑造我们的人格。

然而，我们小的时候力量比较弱，遇到问题无力战斗，又无法逃跑，更无力面对有强大控制欲的父母、老师。每当这时，身体就会启动一种自我保护功能，比如逃避、隔离、解离，而不是把问题整合进自己的生命和身份认同，这就形成了成长中的"未完结事件"。

平时，它只被屏蔽了、隔离了，压抑进了潜意识里，可是一旦遇到某些特定的契机，比如涉及亲密关系，那些未完成的情结就随时会跳出来作祟。造成影响的大小和程度的不同，就是你与现实的距离，也就是现实的检验能力。

青春期的孩子处于离开原生家庭、走向社会的十字路口，也处于形成现实感、完成同一性的过程中。父母要给予孩子足够好的陪伴，慢慢地引导孩子走向同伴，走向社会，既不能管得太死，也不能完全放任自流。

如果一个人的现实感很差，他在遇到心理困境时就会采取不同的防御机制，例如否认、隔离、理想化、解离、分裂等，从而导致不同程度、不同形式的心理问题——焦虑、抑郁、应激障碍、分离障碍、人格解离、多重人格、精神分裂症，等等。

从某种意义上讲，现实感只是一些不复杂的常识，比如"相信自己""认清现实"，但我们很容易受到家庭和社会的影响，偏离了常识，偏离了正轨。如果一个人的现实感足够强，有切实的身份认同感，他就不会偏离正轨太多，一个人的偏离程度距离他现实感的程度决定了他症状的严重程度。

## 进退之间的博弈：关爱保护还是姑息纵容

苗国栋医生认为，多数患者的父母自身有潜在的安全感不足的心理背景，即认为这个社会有太多的危险因素或者诱惑。在孩子的成长过程中，他们往往对孩子采取过度保护措施，严格控制其行为，限制孩子对广大未知世界的了解和探索。

父母和其他长辈这样的行为模式使得孩子在对客观世界认识不足的基础上，或多或少地形成了缺乏安全感的心理素质（过去有人将这种素质称为"神经质"特质），如过度担心某些并不会对其构成威胁的因素，对这些因素有过多的留意和关注，由于认知水平有限，他们往往会做出导致焦虑、紧张、恐惧、悲观等负性情绪的判断。

这种反应模式恰恰是多数精神障碍形成和发展的心理基础，在成长过程中，患者若经受了一些他们难以承受的精神刺激或压力，就可能出现不同形式的精神障碍。

患者出现某些相对典型的精神异常表现之后，患者家长多数会检讨自己在孩子教育方面的失误，但往往会做出错误的归因判断，认为患者患病的主要原因是外界压力过大，而认识不到自己对子女的过度保护在其发病过程中具有的决定性作用。

在这样的归因判断基础上，家长最可能做出的反应就是修正自己的教育模式，认识到自己以往过分严格的要求可能会对患者病情有不利影响，于是对孩子让步，甚至矫枉过正，采取与以往要求截然相反的措施，姑息子女的某些行为和情绪反应。同时，家长也会格外注意避免其子女面对任何可能成为精神刺激的事物，而他们认为的某事物会对其子女构成精神刺激，也完全以他们自己的判断为标准。

尽管家长的妥协有可能换来短暂的安宁，但患者也学会了利用自己患病的身份特征获得更大的利益。即使有时能够认识到自己的某些行为具有"趁火打劫"的性质，但只要他们希望得到自己的实际利益，就不会顾忌这些行为模式有"饮鸩止渴"的危害。此时，患者的父母往往会在坚持自己的教育原则和迁就孩子的行为之间左右摇摆，并为此痛苦不堪，但他们似乎已经没有别的选择，只能按照眼前利益优先的现实选择往前走。

到这个阶段，父母和患病子女之间的关系出现了不可思议的改变：两者之间角色互换，父母唯患病子女马首是瞻，而患病子女学会了对父母实施控制和发号施令。

即使患者的病情进一步加重，甚至到了不得不到精神科医生处就诊的程度，家长仍然习惯于看患病子女的脸色行事。在就诊这件事情上，父母总是踌躇再三。原因有三：一来，患者父母不希望自己的孩子直面精神科医生和精神病院这样的"恶性刺激"；二来，他们担心一旦孩子被证实患了精神病，自己没有能力承受由此带来的内心痛苦；三来，他们不敢采取强硬手段，迫使不愿就诊的患者就诊。

如此种种顾虑，导致患者家长出现了代替患者就诊的想法和做法，例如到医院找"心理医生"或精神科医生咨询，在网上查找一些相关资料，对号入座等。不到万不得已或山穷水尽，家长决不愿带患者到专科医院就诊。

即使家长愿意，带患者到医院就诊这个过程仍然困难重重。不仅患者家长要说服患者去医院有很大困难，就算勉强带患者到医院，进入诊室时也要颇费周折，有时就是因为这"临门一脚"做不到而功亏一篑。

当家长最终在犹豫中带其子女就诊，医生也认为患者的病情严重，不住院不足以达到有效治疗时，家长往往也会顾虑重重。而且他们的顾虑形形色色，基本上仍然反映了他们一向以来追求万无一失的安全心态和过度保护子女的行为特征。

实际上，通过住院使患者接受规范治疗和管理，既有益于患者获得较为理想的疗效，在集体生活的环境里提高心理成熟度，又给了饱受患者疾病症状折磨的父母一个休养生息、自我疗伤的宝贵时机。

### 热锅上的家庭：母亲的唠叨与父亲的责骂

北京回龙观医院的宋崇升医生分享了一个真实的故事。故事的主人公叫蔷薇，在她上初中时，父母就离异了，原因是父亲有外遇。母亲不依不饶，闹来闹去，两个人终于离婚了，此后，母亲就没完没了地在她面前数落父亲的不是。开始她还很同情母亲，渐渐地，她觉得母亲的抱怨就是一种折磨，每当听到"你爹怎么怎么样"的责骂时，她几乎就要疯掉了。最终，蔷薇患上了抑郁症。

当前，抑郁症发病的确切原因还不清楚，与遗传、家庭环境、教养方式、童年经历、压力、性格、人际关系等多种因素均有关。蔷薇的近亲中，至少三个人患有精神疾病，即有阳性家族史，此外，她自幼受到家庭关系不良的影响，这些都是导致抑郁症发生或加重的因素。

对蔷薇来说，最直接的烦恼就是母亲的唠叨。原本母亲住在老家，后来因为觉得孤单寂寞而和她住在一起。但在她看来，母亲几乎就是一个麻烦制造者，总能发现生活中的不满意。最初，母亲怀疑保姆偷家里的东西，将几个保姆赶走或气走，后来又翻起旧账，说起前夫的种种不是。此时蔷薇已经长大成人，能够更全面地理解父母的关系。

母亲每次抱怨时，她都会为父亲辩解，如此一来，母亲的唠叨最后就演变成了两人的战争。每次吵架之后，她都会连续几天心情不好。她和母亲的关系也一直是困扰她生活的主题。

蔷薇的经历让很多人不解，他们认为，我们当年的经历比这还惨，怎么没有患抑郁症？这孩子是不是也太脆弱和矫情了？对此，心理咨询师王骏分析了家庭冲突导致抑郁背后的深层原因。

（1）有的家长责骂孩子的时候，用的词是"废物""垃圾""你永远是蠢货""怎么不去死"，等等，这种否定人生价值的词语对人的自尊杀伤力极大。孩子心里会想，"我既然这么没用，活得也没意思（没有存在价值），你既然要我去死，那我就死给你看"。

（2）挫折发生时，缺乏同龄人的支持和分担。对于同样的挫折，如果是一个人面对，难受程度会高；如果是一个群体的人同时面对，就轻松多了。大家可以相互支持，沟通情感，甚至相互做鬼脸、吐舌头，大幅度降低挫折感。在没有计划生育的年代，人们的兄弟姐妹很多，即使遇到挫折，大家也会一起承受，难受程度会相对降低。

（3）这一代孩子在成长过程中接受了较多的人本主义文化影响，自尊心强，但承受能力没有相应提高，一旦遭遇挫折，痛苦程度会更高。

综上所述，这类事件给我们的警醒是：

（1）在教育孩子的过程中，家长可以表达自己的愤怒（如果家长不生气也不正常），但不能过重，同时千万不能说出否定孩子人生价值的词语，这是重中之重。

（2）不能随意强制去除孩子的情感支持渠道，例如没收或毁坏手机、电脑，而是要努力改善和孩子的亲情关系，用现实中的情感沟通和尊重，逐步替换虚拟世界中的情感支持。

（3）尊重孩子，不要动辄以长辈的语调教训孩子。多倾听孩子的意见，哪怕他们的想法漏洞百出，也不要轻易否决，可以说"哦，这个办法好，还有没有更好的办法呢"。若孩子坚持自己的意见，只要不出大事，就让他去做。

在成长过程中，犯错误是常事，人就是在不断试错中成长的。世界变化得很快，很多成年人的经验已经过时。让孩子自己行动，他会思考，然后端正思想，继续努力，最后成功收获自信、自尊，心灵和智慧得到同步成长。

（4）不要殴打孩子。教育过程中科学适度的惩戒是有必要的，但是体罚对孩子的身心成长是十分不利的。体罚可能会导致孩子撒谎以避免惩罚、习得"以暴制暴"的处理方式、产生自我怀疑等，特别是对于青春期的孩子来说，这可能会严重损害他们的自尊心，导致更大的成长危机。

## 教育内卷对青少年的影响

全球疾病负担（Global Burden of Disease，GBD）研究显示，中国 10～24 岁青少年抑郁症的发病率在 2005 年至 2015 年间显著增加，接近全球青少年抑郁症患病率水平（1.3%）。

显然，这不单纯是单个家庭的问题。这些年来，中国家庭内部究竟发生了什么样的变化，竟使这么多青少年患上了抑郁症？

最大的变化是中国父母对孩子教育的态度，一个很典型的特征就是追求培优、拔高、超前教育。很长一段时间，家长都认为课外辅导班是差生才会去的地方，也并没有给孩子报补习班培优的意识。突然，家长开始热衷于给孩子补课，从小学开始就给孩子报各种培训班，学习成绩差的孩子得去补课，学习成绩好的孩子得去培优。除了基础课程，还有各种课外兴趣班，孩子离开学校就得直奔少年宫。2000年之后，中国的课外辅导机构如雨后春笋般发展起来，父母与孩子的冲突也逐渐凸显。

从生物学的角度来看，当人们感觉到压力时，大脑丘脑下部区域一个回路会释放激素，将身体置于高度警觉状态，瞬间调动生命潜能，准备迎战各种危机。等到危机过去，应激反应系统就会自动关闭，从而休养生息。但如果危机是持续性的，应激反应系统长期开启，不能关闭，危机就会演变成慢性生理压力，最后传导到精神层面，产生各种精神疾患。

青少年或许是压力最大的群体，因为他们承受的不仅仅是自身学业的压力，还有来自家庭的压力、长辈的压力，甚至整个社会的压力。

首先，在高考的指挥棒下，从小学开始，孩子的学业压力就过多过重，孩子与孩子之间的竞争也十分残酷，他们实在太累了。其次，教育系统对孩子的评价过于单一，孩子的出路太窄，上名校和找一个好工作几乎成为孩子在社会上立足的唯一出路。老师、学校和父母对孩子的唯一要求就是把成绩提上去，只要成绩好了，别的一切都可以不计较；成绩差了，这个孩子几乎就要被彻底否定。在上述两种压力的综合作用下，孩子的情感世界逐渐成为一片荒漠。

抑郁症孩子大多都被"好学生"的阴影所笼罩，随着学习强度的增加，孩子逐渐难以招架。很多患抑郁症的孩子都会有一种"完美主义倾向"，他们在学校里是尖子生，他们的父母对他们有高要求或是高期待。而学校内的高压环境也给孩子造成了心理困扰，学习成了家长与孩子之间矛盾的根源。

第二部分

# 抑郁发作青少年的
# 常见问题及应对

A

Adolescent
Depression

D

Adolescent
Depression

# 第 2 章

# 孩子厌学、休学与复学，家长如何做

抑郁的青少年经常表现出厌学，厌学指的是拒绝上学，即学龄期的个体拒绝去学校，或者持续出现无法整天待在学校、完成学习任务的一种现象。

厌学属于青少年的情绪问题，大概占青少年情绪问题的百分之十甚至更高，包括两类明显的症状：躯体症状和精神症状（以焦虑为主）。躯体症状表现为身体的各种不适，如头疼、肚子疼、呕吐、恶心等。有的孩子不断地胃肠不舒服，呕吐、腹痛，症状与实际检查不符。最突出的临床表现是不上学，孩子时常请假，慢慢地就长时间不能上学，在上学的时候会感到严重的不安，有些家庭，父母开车送到校门口，孩子死活也不肯下车，父母只好再把他们拉回家。

他们内心有说不出的无力感、对于人际关系的恐惧或者莫名的焦虑情绪等，这些情绪笼罩着他们。他们到底害怕什么，其实不一定讲得清楚，心里想去上学，但是又去不了，内心非常矛盾。这样发展下去，情况会越来越严重，他们甚至会长期躲在家里，走不出家门。

青少年厌学问题往往和抑郁、焦虑、强迫障碍、双相情感障碍、成年期的职业和人格发展不完善等有明确关系。同时，厌学的成因非常复杂，涉及社会文化、家庭、学校和个体等多个层面。

## 孩子为什么会厌学甚至休学

面对孩子厌学、休学及伴随而来的一系列问题，梁辉老师从厌学和休学的内外因两个角度进行了分析。而后，渡过复学营讲师张鹏飞引入了家庭关系融合的视角，剖析了孩子出现学业问题的本质原因。

### 厌学和休学的内因

#### 惯性自卑

青春期的成长特点是敏感，孩子很注重他人对自己的印象，没有足够的实践自信。青春期的孩子有强烈的被认同的渴望，在人际交往和学习中很容易过度关注负面信息，常常是担心什么关注什么，害怕什么看重什么，比如常常拿自己的弱势比别人的优势，由此产生惯性自卑情绪。负面想象会导致灾难性思维习惯，使孩子慢慢对学习和人际关系失去信心，从而产生厌学情绪。

### 完美主义

很多具有完美主义的孩子在不停的超越中才能获得安全感，一旦失利，他内心能接纳的自我就会迷失，不知道如何在别人面前树立自我尊严。在孩子追求完美的世界里，被超越就意味着失败，而失败会击溃完美自我。追求完美的孩子很容易陷入高焦虑，也常常因为害怕失败而选择不去面对。曾有这样一个极端案例，一个孩子在升入高中的第一次年级考试中排名第一，但考试后再也不去上学了，原因是害怕下次被超越，无法一直保持第一。这类孩子的自我期待值极高，但往往因为害怕达不到目标而选择逃避。

在这些孩子的成长过程中，父母的要求通常比较严格，不允许孩子犯错。一旦出现错误，父母就会很失望或生气，于是孩子慢慢把家长的教育内化为了自我的要求。青春期学业压力大，孩子发现自己无论如何努力，也很难在各方面达到小时候的优秀，很容易产生疲倦感和无意义感，常常因为失去希望感而出现厌学情绪。

### 高冲突期

青春期是人生中心理冲突最多的阶段：知识量剧增与应对经验缺乏的冲突，孩子会觉得学了那么多，也解决不了现实的事，从而觉得学习无意义；抗拒权威与无法独立的冲突十分强烈，他们反感父母的安排，却没有自我支持的能力，这种对父母既想逃避又很依赖的心理常常会使孩子感到无奈和无力；成人化的情感需求与无法掌控的情感变化的冲突，有不少青春期孩子因为喜欢的人不喜欢自己而陷入长期的失眠，也有的孩子因不喜欢的人过于纠缠而苦恼，或因为伤害了不愿接受的追求者而自责。青春期的种种心理冲突常常使孩子们陷入压抑无助或焦躁不安的情绪，有些孩子渴望对同伴倾诉，又怕被嘲笑，期待父母的倾听，又害怕被指责，他们内心矛盾重重，常常因此陷入情绪困境，身心疲惫，导致学业不利，甚至厌学、休学。

## 厌学和休学的外因

### 家庭教育只看重学习，不联结生活

随着社会发展，家庭教育越来越被重视，但父母看重的只是学业教育不能输在起跑线上。现在的孩子有好的物质生活，但缺乏生活体验，大部分家庭教育只注重学习或各种技能训练。在生活上，父母一切包办，孩子缺乏独立能力的培养，自理能力较弱，也很少感受到生活带来的乐趣。很多父母因为工作忙碌而没有时间好好做饭，打理生活，很多父母忙于应酬而忽视亲情联结。越来越多的家庭缺乏烟火气和人情味，这使得忙于各种学习任务的孩子一旦在学习或人际上遇到挫折，就很容失去信心，产生厌学情绪。

### 家庭情绪模式对孩子的影响

现代青春期孩子的家庭情绪模式有极大的相似性：妈妈过度关注孩子，爸爸对孩子缺乏陪伴。在这样的背景下，妈妈很容易对爸爸感到不满，而由此产生的各种情绪大多会传递给孩子，孩子极易受到妈妈情绪的影响，同时又缺乏爸爸的支持。家庭成员之间缺少良性互动，父母的陪伴模式很难满足孩子实现社会化的需求。

孩子在家庭中习得的交往模式常常会成为对外交往的习惯，于是极易因他人的言行而使自己陷入情绪困境。很多孩子是因为师生关系不良或同学交往受阻带来的情绪困扰无法释怀而选择不去学校，在深层原因上，这跟孩子家庭成长中形成的认知习惯有关。家庭互动良好的孩子会恰当理解别人有情绪是正常的，不会过多受他人情绪的影响；而家庭互动不良的孩子却常常把别人的情绪归因于自己，或者把自己的情绪归因于他人，容易感到自责或愤怒，被情绪消耗能量，甚至被情绪控制行为。比如，有的孩子会觉得是自己不好，所以大家不喜欢他，于是不愿意去上学；而有的孩子会觉得，就是因为别人对自己不好，所以害得自己不想去上学。

### 家校教育中的焦虑转嫁

孩子没有情绪的加油站，无处放松心情，压力只能蓄积。家校教育中，学校为升学率而焦虑，老师为学生成绩而焦虑，甚至把焦虑传递给家长，要求家长督促孩子学习。如果孩子考不好，老师会找家长谈话，而家长则把老师的焦虑和自己的焦虑全部转嫁给了孩子。孩子要承受的是学习的压力和大人们的情绪，在这样的消耗下，几乎没有人会为孩子输入心理营养。如果把孩子比喻为一部好车，那么这部好车面临的是只耗油不加油，怎么会不出问题呢？

## 家庭关系融合的视角

在各种关于孩子厌学、休学的问题里，有一个问题是家长内心最难接受的："如果孩子之前学习就不好，那也就算了。可明明孩子在学习方面一直都是非常优秀的，好端端地，怎么就突然不想、不能去学校了呢？"

要回答这个问题，我们首先需要立足于家庭关系，因为这并不简简单单关乎学习本身。假如我们依然认为孩子上不了学就是学习能力或者学习动力方面出了问题，那我们就远离了引发孩子厌学、休学问题的本质原因。

家庭关系融合对孩子的影响

婴儿刚来到这个世界上时，生命活动完全需要依赖他们的主要养育者（一般情况下，主要养育者就是孩子的母亲），母亲对孩子无微不至的关注与照顾形成了母亲与孩子的早期关系。在孩子生命之初，母亲就是婴儿的全部，这就是我们所说的融合关系。婴儿靠着与母亲的融合关系得以存活下来，融合关系是婴儿能够健康生存的基本保障。

不过，随着逐渐长大，孩子的自主性开始形成，自我意识也越来越强，对一些事情有了自己的想法，不愿意再一味地听从父母，而父母也开始在一些事情上让孩子自己学着独自面对。于是，在双方不断的磨合中，孩子越来越少地依照父母意志而生活，父母也越来越多地鼓励、引导、支持孩子去独立面对生活，仅提供必要的支持，而非过度干预。父母和孩子在家庭中彼此相对独立、各司其职，又相互支持、融洽相处。就这样，双方原来的融合关系渐渐被打破，亲子之间也就慢慢完成了分化。

但是在家庭中，如果父母一方面对孩子的管束非常严苛，一定要让孩子按照自己的意愿来做事，或者要孩子为父母的情绪负责，另一方面又对孩子在生活中本应该做的事情大包大揽，过度关注、干涉孩子在家庭生活中的个人空间，并且不在乎孩子的内在感受，就会使得孩子和父母依然处于关系融合的状态，难以分化。

如果家庭关系融合的情况很严重的话，就会给孩子带来极其负面的影响。一方面，孩子会感受到来自父母控制与约束的巨大压力，感受到自己的个人权利被无视，负面的情绪体验在心中慢慢积压；另一方面，因为长期缺少生活参与意识，孩子不觉得家庭中大大小小的事情与自己有关，对生活中本该承担的责任视而不见，回避、抗拒、厌烦那些需要亲自去参与完成的生活事件。

孩子在关系中本该拥有的自主权利没有得到保障，而本该在成长中承担的生活责任又被过滤掉了，这导致他们在家庭生活里的权利与责任出现了失衡。而长期处在融合关系中的孩子，不太容易意识到自身存在的问题，认为自己的糟糕表现是家庭关系中的他人导致的。他们会觉得自己没有被父母理解，表现出对父母的强烈对抗情绪，同时又觉得父母为自己做的事情是理所应当的，从而忽视父母的感受。

作为父母，当我们慢慢意识到关系融合给孩子带来的负面影响时，就应该有意识地调整和孩子的关系，减少对孩子的控制和包办，放权给孩子，理解并尊重孩子的想法，有意识地引导孩子选择和决定自己的生活。当孩子的生活主体感回归时，就能够主动去做一些自己认同并感到有价值的事情，真正迈出属于自己人生的坚实一步。

### 基于学习所构建的家庭价值交互系统

关系融合会给孩子带来负面影响，与孩子出现的厌学、休学问题也十分相关。我们清楚的是，孩子的学习成绩往往是家长最看重的，因为这似乎涉及如何去定义一个孩子的价值。如果孩子的学习成绩好，就意味着他在父母心中是高价值的；如果孩子的成绩达不到父母的预期，就可能会被父母嫌弃、指责、否定，感受到自己失去了在父母眼中存在的价值，进而害怕会失去父母在生活其他方面给予自己的保障。

当家长认为孩子的学习需要家长进行干预管理时，在孩子和父母之间就运作着这样一套隐性的家庭价值交互系统：孩子通过上学考试创造学习价值，以回应父母的要求。

这时，孩子的"学习"并非指向自身的未来，而是仅仅指向了当下自己能否在父母那里获得情感认可和生活保障。上学这件事情成了父母与孩子交互的载体，但多数父母依然认为孩子学习是为了孩子自己，孩子现在学习好是为了将来能有好的前途。在这件事上，父母的理念认知与孩子的实际感受出现了巨大的偏差。

一旦学习具备了承载父母愿望的巨大价值，父母对孩子的关注点就会自然地聚焦到学习上，在尽全力为孩子提供教育资源的同时，也会紧盯着孩子的成绩不放。在生活中，很多孩子也会感受到，父母基本上只和自己聊学习，其他的话题一概不交流。

在这套家庭价值交互系统里，孩子与父母经由学习而紧密地融合在一起，这种融合是隐性的、难以察觉的。学习变得不仅是孩子的事情，更是父母的事情，"为父母而学习"已经成了许多孩子内心的真实写照。

厌学与家庭融合的关联性

一般来说，如果一个学习好的孩子在学习方面是自信的，他就会体会到对于学习的掌控感，即便偶尔失利，也能快速调整自己的状态。但如果孩子和父母在学习方面是高度融合的，那么即使这个孩子学习一直很好，他面对学习的时候也会十分不自信，经受不了在学习中受到的挫折，过度紧张焦虑，进而变得厌学。

为什么在学习方面与父母高度融合的时候，孩子却容易出现厌学、休学的问题呢？因为关系融合直接导致了孩子对自身价值的不认同。

孩子的学习对父母来说意味着巨大的价值，在学习这件事情上，家长介入过多，在乎程度远在孩子之上。孩子也知道父母最看重的是自己的学习，所以不得不将学习作为与父母维持关系融合的价值条件。这样一来，孩子在学习中取得的成绩只是他与父母价值交换的载体，很难真正成为自己的价值体验。孩子长期以来被封闭在这种以学习为载体的融合关系中，逐渐失去了针对学习的独立思考的机会。抛开父母的要求，对于"学习对自己来说到底意味着什么"这一问题，孩子是迷茫的，也是拒绝思考的。

在融合关系中，一方面，孩子不得不继续在与父母的关系中维持自己的学习价值。另一方面，孩子感受到的是权利不断地被无视、被侵犯，他们只能压抑愤怒，无视这些关系中的不公平对待，同时又不断地累积对父母的不满。

于是，孩子没有更多的能量去思考学习对自己的意义是什么，学习对孩子自己的意义不断地让位给学习对父母的意义。他们长时间被动地处于被家长催促的学习状态，也不知道自己需要主动去做什么。

如果我们已经意识到了融合关系对孩子造成的负面影响，那我们也应该明白，在学习这个点上形成的关系融合困住了孩子，让孩子一直处在自己是为家长而学的深层认知里，阻碍了孩子开始思考学习对自己的重要性以及个人意义。

青春期的内在冲突

如果无法打破家庭内部封闭的、以学习为载体的价值交换系统，孩子的学习就只是在从父母那里获得有限的情感价值。这种情感价值在孩子小时候尚能够支持他的成长，但到了青春期以后，孩子一下子意识到自己要在同龄人之中寻找自我定位了，他们和同龄人的同伴关系因此变得更为重要。此时孩子明白，自己不能再什么都依赖父母了，不然会和同龄人追求自我、追求独立的想法格格不入。

也正是此时，孩子的内心开始出现了巨大的冲突。

孩子一直以来都是靠学习换取父母的情感价值，这些情感价值的关系性质是亲子式的，并不适用于同龄人之间的关系，孩子内心会有一种难以表达的感受："父母觉得我学习好就有价值，但为什么到了同龄人那里却并非如此呢？"在父母那里靠着学习所获得的情感价值一旦离开家庭环境，就变得很缥缈。同龄人更在乎的是关于成长的话题，而非关于学习的话题。

复学营张鹏飞老师还提到，他在工作中遇到过许多学习好的孩子，但他们在同龄人中却是自卑与压抑的。即便周围的人表面会羡慕他们学习好，但他们更真实感受到的是同龄人的嫉妒，以及敬而远之的冷淡。

如果家长和孩子之间最深层的关系融合是围绕学习所形成的，父母的关注点就需要从孩子的学习上转移开，改变、打破这种融合，可以多去理解正值青春期的孩子的内心冲突，留意孩子在学习以外的其他方面的价值感。

打破融合，不能只停留在表层

一旦孩子在学业方面出现问题，家长一开始一定是充满焦虑的，很想做些什么去支持孩子。虽然父母意识到之前的教育模式出了问题，想要做出改变，尝试更加包容孩子，接纳孩子在生活中的状态，但如果他们在没有了解孩子真实感受的前提下，依然把这些问题当成自己的事情去支持孩子，那就无法打破这种深层的融合。

孩子感受到的是，虽然家长把"管教"换成了"支持"，但融合的内核并没有发生实质改变，本质上还是父母着急为孩子解决他的学习问题，"这依然是家长的事儿，而不是孩子自己的责任"。

只有孩子自己开始去思考什么对自己重要、自己可以从中做些什么时，转变的契机才会真的出现。当家长对孩子的学习放手，让孩子自己去思考究竟要不要继续学业、其中的困难究竟是什么时，孩子才算是真正面对这个问题了。如果家长做不到放手，孩子就容易一直陷在对学习责任的回避之中走不出来。

总的来说，家庭关系的融合会体现在生活的方方面面，其中以学习为载体的融合真正影响着孩子是否愿意承担对学习的主体责任。尊重孩子，倾听孩子，相信孩子有他自己对生活的理解，能够凭借自己的力量去慢慢走出属于他的人生之路，才是家长对孩子最大的给予。

## 如何应对孩子厌学与休学

在一位咨询师的咨询笔记中，青少年患者为数不少，有的是中学生，有的是大学生；有的是自己来的，更多是父母带来的，或者由父母代为咨询。除了求医问药，他们一个常见的问题是：患病期间，还要不要坚持上学？

青少年得精神疾病往往会比成年人更痛苦，一方面，精神疾病发病越早，病因越复杂，治疗起来也相对麻烦；另一方面，青少年处于求学时期，正值人生紧要关口，如果耽误学业，就会一步跟不上，步步跟不上。因此，患者本人和家长感到焦急、迷惘是可以理解的。

在面对孩子提出休学时，许多家长会本能有两种做法：一种是坚决反对，一种是马上休学。

那么，这两种做法对不对呢？渡过复学营发起人梁辉老师曾帮助过大量休学、复学困境中的孩子，她认为父母要避免这两种做法。

第一，听到孩子说复学，父母坚决不同意。这种做法会使亲子关系迅速进入对抗状态，由此产生冲突并不断升级，发展下去，不但会加速休学，而且还有可能发生不该有的伤害，为后面的复学种下"恐惧面对"的种子。

第二，孩子一提不想上学，父母马上决定休学。这样虽然表面上看孩子会高兴，使孩子放下了眼前的压力，但是很容易让孩子养成逃避困难的习惯。如果父母简单地认为同意休学就是支持孩子，那么休学的时光也很难成为孩子真正的心理疗愈期，这是对孩子时间的消耗，也会使孩子对下一次复学更加畏难。

一旦孩子提出休学，家长需要注意哪些事情呢？梁老师给家长们做了详细提示。

## 休学前评估

在孩子提出休学后进行缓冲和评估，做恰当的事，尽量使那些可以不休学的孩子继续好好上学，或者帮那些的确需要休学的孩子建立信心。这里有几个提示词给家长，供大家参考。

提示一：留白、思考

提休学是孩子遇到困境的一种应对方式，也是发出的求助信号。

当孩子提休学时，建议家长不要急着同意或反对。尝试静下心来听孩子说说想休学的原因，并表示愿意重视这件事，约定留出时间去想办法。积极关注，一起探讨，互相理解，彼此支持，共同面对，使孩子感受到被懂得和被援助的力量，客观思考是否需要休学。

所谓约定留出时间，就是为彼此留白，不急着决定。父母尤其需要有这样的留白时间，思考长大后孩子的心理需求是什么、休学的背后有哪些渴望。

事实上，多数青春期的孩子提出休学，是因为遇到了一些自己无法处理的事情，或陷入压力困境而无处求助，得不到有效的心理支撑，从而积压了大量的情绪，最终感到无法承受，决定逃避压力环境来保护无助的自己。在休学这个决定的背后，孩子们渴望父母的理解、体谅和支持。

一个家长在来访时问："为什么我的孩子总是说，从她选择休学开始，一切就错过了，再也回不来了，而当我鼓励她复学时，她又坚定拒绝呢？"读到这里，大家可能已经明白了，孩子渴望的心理支撑（至少在她看来）始终没有得到，她的心理压力并没有得到解决。

记得有个孩子在来访时说："我在想，导致我休学的到底是什么？如果说当初是学校和家长的双重压力让我不堪重负，那么现在想想，休学真的很不明智。与其我付出一年的时间，换来他们并非出自真心的放手，倒不如当初作为不休学的条件，要求他们对我放手、让我自主学习来得更实际。"

实际上很多孩子都会后悔休学，但是又不知道有什么更好的办法。所以，父母需要冷静倾听，客观思考帮助不需要休学的孩子放下包袱，轻装上阵，帮助需要休学的孩子建立信心，把休学变成真正的充电时光。这样的陪伴才会使孩子在遭遇困境时仍然充满希望。

提示二：观察、了解

当孩子提出休学时，除了倾听孩子的心声，父母还要观察孩子在睡眠、情绪、饮食、喜好等方面是否有明显变化，同时了解孩子在学校的状态是否有明显变化。

如果孩子出现入睡困难、做噩梦、失眠、经常情绪烦躁或情绪低落、没有食欲等情况，家长就要高度重视，建议进行专业的心理咨询或及时就医，与孩子一起商议是否酌情休学。

值得一提的是，因突发事件引起亲子冲突，孩子情绪爆发提出休学时，如果家长及时反思和调整不恰当的陪伴方式，大多可以避免休学。

○ **案例**

学生瑞刚跟父母因为手机的使用而发生了不愉快，一次争执中，爸爸生气摔了儿子的手机，瑞刚很愤怒，表示不再上学。母亲无奈买了新手机给他，但他还是不肯原谅爸爸，每天都把自己关进房间，不出来吃饭，只点外卖，能跟好朋友在网上倾诉聊天，却不肯跟父母沟通。与孩子僵持一周后，父母无奈来访，在经过咨询之后，爸爸给孩子写了一封信，表达了对孩子感受的认同，并真诚邀请孩子像朋友一样面对面聊个天。在交流过程中，爸爸敞开心扉讲了自己当年的成长经历和成为父亲的喜悦，以及对亲子教育的反思……孩子感受到了平等和尊重，向父母倾诉了委屈，也理解了父亲内心的责任感。从此，父子俩做了约定：有任何想法敞开交流，相互提示，一起探讨，共同成长。

就这样，一次冲突变成了亲子关系发展的契机，孩子释放了积压的情绪，跟爸爸的关系更紧密了，也感受到了来自父亲的力量。之后，瑞刚顺利回归学校，并以更加充沛的精力投入到紧张的学习中。

试想，如果父母因为孩子的对抗而焦虑不安，双方互不让步，那么时间这样消耗下去，孩子最终只能陷入上不了学的僵局。

孩子由于具体事件的冲突爆发情绪而提出不上学，但事件发生之前，他在学校里没有明显的情绪变化，这种情况属于休学问题的急性期，比较容易化解。可以请老师或咨询师做家庭联结和疏导，同时，父母要及时反思，跟孩子做恰当的沟通，给予孩子理解和尊重，并迅速调整不良的互动方式。如果处理得当，孩子大概率是不需要休学的。

提示三：评估、判断

（1）评估目前孩子有哪些方面的压力来源和目前的承受能力。

（2）判断孩子当下适合做什么选择，以及父母能做什么。

有些孩子产生休学念头并非因为突发事件，而是长期的心理压力超出了孩子的承受能力，不得已才选择休学。这样的情况不少，却往往被家长忽略。因此，当孩子提出休学且进行留白观察后，父母要仔细评估孩子承受的压力都来自哪些方面。哪些是主要压力，哪些是次要压力，哪些压力是造成孩子心理困境的主要问题。并在评估后，判断自己能做哪些事情，来帮助孩子缓解压力。

○ 案例

高中生妍妍在学习上一直处于班级中上游，最影响她成绩的是数学。妈妈给她报了一个教材小班课，还给她报了一对一数学精讲课，但经过一学期的坚持，她的数学成绩提升很慢，且英语成绩还在下降。父母很着急，想帮她报个英语班，但没几天，孩子就提出不上学了。

爸妈问为什么，孩子的回答是："学校的作业做不完，晚上熬夜深，白天听课困。付出这么多努力，数学成绩也没提高，英语成绩反而下降了。我觉得学习对我来说太难太难了。"

面对孩子这样的回答，父母及时来访，并获得了评估提示，了解了妍妍的主要压力来自对弱科时间分配的严重不均。不均的时间分配消耗了孩子的精力，强化了不良体验，使孩子对学习失去了信心。父母回去后选择鼓励孩子学好优势科目，接纳弱势科目，让她量力而为就好，同时尊重孩子的要求，减去了额外课程。最终，孩子在父母的接纳和鼓励中降低了焦虑，没有休学。

家长经常评估孩子的压力承受能力、及时疏导、有效减负、积极支持，会有效降低孩子的休学概率。值得家长重视的是，当孩子消耗极大、身体出现透支情况、情绪低落、出现自残现象甚至自杀念头时，需要及时就医，并尊重孩子的意愿，办理休学。家长要积极陪伴孩子，让孩子好好休息，使孩子获得身心康复。如果家长继续要求能量严重不足的孩子坚持上学，很可能会对孩子造成更大的消耗和心理伤害，最终事与愿违，浪费更久的时间也难以恢复孩子上学的信心。

## 休学后的常见误区

孩子正式办理休学后，家长常常会陷入三个误区。

误区一：关注学习

很多家长希望孩子趁这段休学的日子好好补课，以更好的成绩迎接复学，于是建议孩子制订计划，每天督促孩子完成，或者帮孩子找老师补弱科。结果计划常常无法完成，课程上不下去，导致大人失望，孩子沮丧，亲子关系也更加紧张。

这是为什么呢？我打个比方，如果一部好车没油了，不能继续行驶，我们是停下来修车，还是加油呢？这跟孩子上学是一样的，青春期的孩子因为情绪问题导致心理自我支撑力量不足，就像好车没了油，跑不动了，因而无法完成回到学校里学习这个功能。此时，如果父母不去做疗愈孩子心理、提升孩子能量和动力的事情，而是为孩子看不看书的事而焦虑，就很难切实帮助孩子化解问题。

误区二：关注问题，不断纠偏

孩子休学后，由于一下失去了上学的节奏，内心的冲突感和失衡感无法调整，可能会对自己失望，不愿出门，不愿运动，不愿做事，比较普遍的现象是用手机来打发时间，起居无常，三餐不定。而父母会不断找孩子的问题，希望去纠偏，如要求孩子自己洗衣服、整理房间，督促孩子洗澡，监督孩子睡觉，限制他们玩手机的时间等，可是发现孩子样样都不听，为此，亲子间时常会产生情绪冲突。

大人越管，孩子越糟糕。常常有家长问："难道他这样，我不管他吗？"

青春期的孩子正处在人格独立和行为独立意识较强的阶段，父母的陪伴重点应该匹配孩子的成长特点。如果父母还是按照教育小孩子的惯性思维，期待孩子听话照做，就违背了孩子的成长需求。家长产生想管孩子的念头没错，但需要更理性地觉察和思考方式方法是否恰当。梁辉老师建议家长分四步来解决这个问题：

（1）允许自己想管：家长想管孩子没错，这来自家长"要对孩子负责"的惯性思维。

（2）思考怎么管：家长自己先理顺一遍，想想该怎么说、怎么做。

（3）判断可能反应：最了解孩子性格的是家长，家长可以先判断一下自己的方式会引发孩子怎样的反应，提高积极反馈的概率。

（4）做调整或决定：如果判断反应效果不好，那就思考如何调整；如果不知道怎么调整，那就做决定，是不惜把一切搞糟，还是给自己留点儿时间，思考双方都能接受的方式。

误区三：漠然等待

有不少家长反映，自己通过学习明白了过往的教育方式给孩子带来的压力，尽管他们内心很着急，但不敢再过问学习的事。亲子沟通不畅，索性就不沟通。为了减少争吵，夫妻之间也少说话，漠然等待孩子恢复动力，自己把一切规划好。

一直等下来，到了复学季，家长发现孩子还是没有主动提上学，或者即使提到了上学，要么没有什么切实的行动意愿，要么呈现出想面对的态度，但十分焦虑。家长会问，要等到什么时候，为什么都不管孩子了，还是不见效果？

这种情况是很正常的，在休学期间，把心理疗愈交给孩子自己是不恰当的，一味等待孩子自己恢复也不太现实。家长需要思考如何在家庭陪伴中为孩子注入心理营养，来提升孩子的自我认同，以及如何通过良好的家庭互动来提升孩子与人交往的信心。

因此，休学期间，孩子是在消耗能量还是蓄积力量，父母的陪伴方式很关键。

## 休学后亲子关系会经历哪些阶段

刚休学的一段时间里，孩子通常是不跟父母沟通的，有的孩子一言不合就吵，有的孩子房门紧闭，连吃饭都不出来。

大多数家长将此理解为孩子仇亲。事实上，孩子们的内心经历很复杂，常常不知道怎么面对困难，加上父母的情绪不稳，孩子便本能用对抗模式来自我保护。因此，休学的孩子与父母之间的关系通常会经历三个阶段：抗拒期、试探期和信任期。

抗拒期

休学初期，由于并不了解孩子的心理成长规律及情绪特点，父母很难做到快速调整。大多数家长无法接受孩子不上学这件事，于是陷入焦虑痛苦中，很多人睡不着觉，吃不下饭，整天发愁孩子以后该怎么办。

孩子们也一样，不同的性格表现方式不同。有的孩子对抗强烈，无论爸妈说什么，他都会烦躁发火，情绪无法稳定；有的孩子自我封闭，不断压抑自己，不说话；有的孩子变得爱哭；有的孩子划手背、划胳膊，用伤害自己排解焦虑；还有的孩子表达一切都没意义，甚至说不想活着……

如此种种表现，通常是因为孩子们在掩饰内心的慌乱和无助。他们想得很多，却没有答案，不知道该怎么面对父母的失望，也不知道后面该如何选择，从而充满了紧张，甚至恐惧。同时，他们也因为焦虑指数太高而无法承受外界附加的任何焦虑，当父母有消极情绪时，哪怕是隐藏起来的消极情绪，孩子都会捕捉到。因此，很多家长反映，孩子休学后会变得十分敏感，情绪很容易激惹，抗拒父母的安排，抗拒交流，甚至抗拒父母的讨好，因为这个时候，孩子的内心是极其不安的。

对父母而言，由于他们也沉浸在焦虑情绪里，所以很难关注到孩子心里的纠结和压抑。孩子们却因极易洞察到父母的情绪和态度，而不想面对父母的询问和探究，不想跟父母有任何交集，因为他们不知道怎么面对父母，不知道怎么回应父母要问的话。

事实上，很多时候，父母对孩子也是充满抗拒的。焦虑、无奈、讨好、愧疚等情绪本质上都是对孩子的抗拒，因为这些情绪都不是父母希望有的，他们潜意识里抵触，但并不知道这是抗拒情绪。这样的抗拒本身也是无可厚非的，身为父母，谁不是因为对自己孩子的爱而慌乱。只是他们没有意识到，他们爱孩子的方式未必符合孩子们渴望被爱的需求。有时父母的爱会成为对孩子能量的消耗，甚至是伤害，但这并不是父母的初衷。

在对抗期阶段，父母能做的事情很少。因此，我们建议父母管理好情绪，保持平静，安心工作和生活，营造轻松的家庭氛围。这样做，孩子的情绪会慢慢稳定下来，进入试探期。

试探期

当家长有了积极的调整和改变时，孩子会结束以往的对抗模式，慢慢试探跟父母联结。有的孩子开始跟父母一起吃饭，偶尔聊天，虽然还不能聊学习；有的孩子开始倾诉过往的事，表达委屈和抱怨；有的孩子不停地说自己是个废物，什么也做不了；还有的孩子说自己准备一辈子啃老。

这些都是孩子在试探期的表现。虽然他们自己并非主观上在进行试探，但潜意识里，他们正在慢慢探索与父母的联结可以到什么程度。他们用抱怨父母来观察父母的反应和接纳程度，用自我否定来观察父母的态度和理解程度。无论孩子说了什么，他们都是在尝试跟父母联结，让父母知道他们的心情和感受，并观察父母愿不愿意给予倾听和陪伴。

在试探期阶段，很多孩子会表现出抱怨父母过往不恰当做法的行为，这让父母很忐忑，不知道该怎么帮孩子修复过往的伤害。我在这里举个真实案例供大家参考。

○ **案例**

一位妈妈曾经告诉我，她的孩子都大一了，却不停地回溯小时候因为马虎扣了 2 分而被她痛打的事。这位妈妈每次都会跟孩子道歉，但孩子过后还会反复提起，愤愤不平。她很苦恼，不知道孩子什么时候才能解开这个心结。

有趣的是，后来那个孩子来访时也提了这件事。她说："我每次对妈妈提起她痛打我的事，她都会说类似这样的话，'对不起，妈妈错了，但是那时候妈妈不懂啊，所有家长都是看成绩的呀'，或者说，'对不起，妈妈错了。可是你们老师总是会跟我说，你的孩子太马虎，你得管管她。所以妈妈当时觉得要帮你更正缺点'，甚至把责任推到我爸身上，说爸爸对她不关心，总跟她吵，她心情不好。总之，每次妈妈道歉时，都会解释很多原因，却没有一个原因是为我准备的。就好像在说，她那样做也是有理由的，也是需要被理解的，也是应该被原谅的。可是我那时那么小就被那样打，大人有没有想到，一个孩子毫无反抗能力，任何被原谅的理由都没有，只能被狠狠打，该有多可怜、多委屈啊。我只是想看看我妈是不是真的愿意站在我的角度体会我当时那份感受。我现在表达的是对当时一个小孩子无力保护自己、感受被无视的愤怒。妈妈真的理解了也就够了，即使不说对不起也没关系。可她一直解释，就说明她不愿意看见当时的我，只希望我看见当时的她。"

读到这里，家长们有没有恍然大悟？孩子的情绪表达是疗愈，被家长看见的感受也是疗愈。有时孩子只需要家长懂自己当时的感受就够了，无须解释太多。

孩子在试探期的表现不同，但试探的核心是通过联结来观察父母是不是真的愿意理解和陪伴他。因此，父母需要做的是少指导、多倾听，多看见孩子的感受，多理解孩子情绪背后的需求，尝试多跟孩子聊他感兴趣的话题，多一些家人共享的时光，多观察孩子的优点，给予认同和赞赏。慢慢地，孩子会越来越放松，越来越愿意跟爸妈聊天，并因为感受到被接纳、被肯定而越来越信任父母。亲子关系逐渐进入信任期，家庭的积极能量传递会越来越多，孩子的动力也会越来越强。

信任期

信任期通常分为基础阶段和稳固阶段。

当孩子在试探期通过抱怨、哭诉等方式释放情绪，并感受到父母对自己的允许、接纳和共情时，便越来越能体会到把心里话说出来的安全和轻松，从而改变以往的压抑习惯。孩子会慢慢对父母敞开表达自己，并获得父母专注的倾听和真诚的回应。孩子会对父母越来越信任，有困难也会主动向父母诉说。这时，亲子关系就进入了信任期的基础阶段。

在信任期的基础阶段，需要父母通过正向肯定、赞赏、认同来给孩子信心和力量。我相信大多数跟渡过课堂系统学习过的家长都了解怎么做。基础阶段，亲子之间很少出现冲突，或者说，父母通常会很小心地避免冲突，害怕一旦有矛盾出现，孩子很容易对父母信任不足，重新进入试探期。父母的担心是有道理的，所以，在基础阶段，父母要多观察孩子的状态，给孩子充分的认同、看见、欣赏。有效沟通源于积极肯定，会使孩子内在的自我认同感越来越强。

想实现亲子间的稳固信任，真正带动孩子成长，亲子之间一定要经历信任后的冲突处理期。也就是说，在一家人有了思想冲突或者情绪冲突后，他们能积极面对和积极处理，进行有效沟通，虽有意见上的不同，但能彼此尊重，虽有争执，但不会影响关系，这时就实现了稳固的信任。这也意味着父母的格局、思考力以及应对智慧，已经成长到了完全匹配孩子成长的需要，甚至接纳度和应对能力已经超越了孩子的成长速度，可以带动孩子了。这时，孩子对父母完全不会反感，而是信服和喜悦，因为孩子能感受到父母非常智慧，但从来不强加于人，他们有力量给孩子充分的提示，并支持孩子成为他自己。

休学期是父母和孩子人生的共同成长期，对孩子和父母来说，都是很宝贵的时光，也是难得的精神财富和人生力量的积累。对抗期、试探期、信任期的时间长短也取决于父母的学习愿望和成长速度，父母的学习习惯是至关重要的，拥有不固执、爱学习的父母是孩子们的福气。

## 如何帮助孩子复学

从抑郁中康复，不仅意味着临床治愈，更意味着恢复社会功能。也就是说，抑郁症患者要回到社会生活中，完好地履行自己的家庭角色、社会角色，不能回归社会的康复是不彻底的。

因此，我们有必要帮助孩子复学，让复学成为他们的内在需要。

首先，家长要信任孩子。尽管孩子休学在家，尽管他们会表现出对学习和学校的厌恶与恐惧，表面上还沉湎于吃喝玩乐中，但他们内心深处是想回到学习生活中去的。其次，作为家长，一定要看到孩子的内在需要。你能做的，是成为孩子的援兵，拂去孩子心灵上的尘埃，激发孩子向上的动力，让孩子的内在需要能够涌现并实现。要相信，复学是一连串事件的结果，其过程是家长与孩子的共同成长。

关于复学未成行的原因，梁辉老师总结出了这几种常见情况。

## 想去不敢去，复学未成行

孩子想去学校，但开学前十分焦虑，怕环境陌生，怕同学不熟，怕课程跟不上。各种恐惧交织，最终决定不去，父母只好再等等。

这是因为孩子陷入了复学前的焦虑情绪中，他们需要的是充分倾听、轻松接纳、减轻包袱、进退自由。如果能做到这些，孩子大概率愿意去试试。

## 想学任务重，复学未成行

当孩子说想复学时，很多父母会建议孩子在开学前补各种课，孩子也会接受。有的孩子不惜把时间排满，父母看了也很高兴。结果，孩子感觉太累，补着补着决定不去上学了。

这种情况大多是因为孩子焦虑，同时家长也焦虑，大人和孩子都在通过拼命赶课来化解焦虑。孩子意识到这一点以后，大概率会害怕课程学得不理想，让大家都失望。大人、孩子完全重复了当初休学时焦虑的问题：不愿面对成绩不好的失望，因此出现了思维旧模式、情绪旧循环、行为走老路的现象。

这时候，孩子需要的同样是轻装上阵、进退自由，家长的接纳度越高，孩子越有可能减压前行，实现复学。

## 适应不顺利，复学未成行

有的孩子鼓起勇气去上学，但适应的过程中会有起伏，这个时候很考验家长。很多家长特别怕孩子复学不成功，于是很担心孩子不能按时起床，担心孩子放学回来的情绪吐槽，尝试给孩子各种建议，反而加速了孩子再次退回来。

### ○ 案例

一个高中生告诉我，他高二时复学两次都没成功。因为在他觉得撑不住想休息一下时，妈妈总是希望他再坚持一下，担心他一停下来就无法再回去。他在两难中既焦虑，觉得无法坚持，又害怕反复面对失望，最终选择了放弃。第四次复学时，妈妈彻底放下了执念，告诉他自己能接受他以后不再上学，接纳他的进退。于是，他从一周去一天到一周去三天，再到一周去五天，共花了两个月的时间，终于成功复学。现在这个孩子已经在顺利读大学了。

## 学习太用力，复学未成行

有些孩子复学愿望强烈，希望快速跟上班级的节奏，于是坚持按学校要求上课、做作业。父母看到孩子这么用功很高兴，觉得那个能量满满的孩子回来了，于是也支持孩子铆足劲儿学习。有些孩子为了跟上班级节奏，熬长夜做作业，每天只睡几个小时，没过多久，就感到精疲力尽，发现课程不像想象的那样容易听懂，作业更是难以完成。他们的睡眠时间严重被挤占，上课打不起精神。当初短平快追上大部队的愿望破灭，孩子会陷入沮丧心情，不能接受自己做不好，再加上能量过度消耗，一下子感觉很无力，再次提出不想去上学。这样的情况有不少。

孩子给自己的压力过大，超出了自己能承受的临界点，很快消耗了能量。当压力继续增长，成就无法跟压力成正比，甚至成反比时，孩子会很快失去坚持的动力。在刚复学期间，如果孩子用力过猛，家长不但不能鼓掌，反倒要保持平常心，适当拖后腿，跟老师沟通，让孩子慢慢适应复学的种种压力，保护孩子的能量，避免快速消耗。这样才能帮助孩子保持内心的力量，在起伏中稳定持久。

## 复学前的评估

孩子的顺利复学，跟身体情况、心理能量以及复学意愿是有直接关系的。在复学前的几个月里，家长要仔细观察孩子的情绪、生活参与感、自我的兴趣以及行动力，来进一步判断孩子处在哪个阶段，具体可参考梁辉老师提出的四个阶段。

### 心理休养期：没有复学意愿，缺少做事能量

孩子什么都不想做，不出门，不洗澡，不交友，只是躺在家里打游戏，打游戏也看不出有多快乐，有的孩子甚至觉得活着没意思。出现这样的情况，说明孩子能量比较低，家长能做的是跟

孩子协商去医院看看。已经吃药的孩子要坚持定期复诊，如实跟医生介绍情况。

在这个阶段，强求孩子上学是没用的。休养期的孩子就像受了伤的战士，需要的不是战场，而是好好疗伤。家长需要扮演的角色是心理护士，给予孩子真心的接纳和耐心的陪伴。稳下来，放下对复学的执着，给自己和全家人一个心理假期，什么都不想，只享受放松的生活。双方既有各自的自由空间，又有共同的生活联结，美食、游戏、散步、聊天，共享、互助、联结情感……放下学习的焦虑，带动孩子感受一家人相处的轻松与温暖，使孩子的心中慢慢升腾起对生活的积极愿望，升腾起内在的自我能量。孩子通常会顺利渡过心理休养期。

调整期：有复学意愿，缺少做事能量

如果孩子表示想去上学，但是没有行动，家长就需要观察孩子对其他事情的兴趣及参与能力。有的孩子虽然想复学，但做什么事都打不起精神来。记得有个女孩来访时，声音细弱，她说自己没有力气做事，就算跟喜欢的朋友出去玩一会儿也会觉得很累，甚至跟好朋友在网上语音聊天时间长一点儿都会觉得很消耗。出现这样的情况，说明孩子处在调整期，有上学意愿，但还没有足够的体力和精力。

当孩子明显缺少能量时，家长一方面要多关注孩子的饮食，想办法给孩子做些他们爱吃、容易消化且有营养的食物，补充身体能量；另一方面也要关注情绪营养，有些孩子习惯压抑自己，心事沉重，自我消耗极大。这时父母能做的是爱和信任，也就是说，当孩子想去上学时，父母可以表达对孩子身体的牵挂，同时可以告诉孩子，自己会尊重他的决定，想去试试或觉得累了后回来都行。对于能量消耗大的孩子，复学一两个月的目标只定在慢慢适应学校环境的阶段即可，也就是说，能坚持去学校待一待就很好了，待多久也随孩子自己。一两个月之后，可以试着听点儿课，听懂多少随意，回家就放松。这些情况需要家长跟老师进行沟通。当孩子接受阶段目标，放下心理压力时，他的体验会好很多，心理感受也会变好，情绪愉快，自我消耗消失，自我能量就会慢慢回归。

恢复期：没有复学意愿，有做事能量

有些家长描述，孩子只要不提上学，情绪就很好，能跟朋友出去玩，能做自己喜欢的事，如画画、跳舞、弹琴、打游戏、养宠物、爬山、旅行，等等。但是只要谈及上学的话题，孩子就回避，甚至直接说不想去上学。

出现这种情况，说明孩子不是没有上学的能量，而是对上学的体验不好，所以不愿意面对上学。上学的体验大致分为两类：关系体验和学业体验。在关系和学业上体验不良的核心是体验带来的不良感受和情绪。除了学业上的不良体验，孩子通常会因为过于在乎别人的态度而觉得自己处理不好同伴关系。对于青春期的孩子来说，同伴交往是对关系认知的实操，如何学会倾听他人需求、如何表达自我需求、如何在协商一件事时各抒己见且保持彼此尊重、如何看待思想冲突、如何处理冲突等，都需要去经历。而这些关系中要经历的一切，孩子都可以在家庭中去体验。家庭关系是社会关系的基础，家庭是帮助孩子完成社会化的训练场，父母能做的是在家庭关系中给孩子更多的平等和尊重，给孩子机会去充分表达，让孩子学会取长补短、尊重不同和相互合作。家庭互动良好的孩子，人际交往大多会很顺畅。

因此，当孩子有能量，但没有信心复学时，父母可以多关注孩子喜欢的事情，为孩子做积极确认。比如有的孩子喜欢弹吉他，会长期持续训练，且愿意挑战难度，这就体现了孩子的耐力和探索能力；比如有个孩子能每天坚持骑自行车，妈妈不经意地对爸爸说自己很佩服孩子的毅力，风雨无阻，大人都做不到。

对于有能量的孩子，家长要不断看到他的各种能力，提升孩子的自我认同，帮孩子建立自信。孩子会更加信任父母，也愿意跟父母探讨复学的各种忐忑和对支持的需求。有些事情，只要孩子愿意说出来，情绪就会得到释放，恐惧就会变少，加上能跟父母探讨如何应对，孩子也多了一份踏实。

○ **案例**

一个孩子在家里时能做很多自己喜欢的事，她的父母不吵架，也有平静的家庭环境，但她还是不愿意上学。来访时，孩子说不知道该怎样交朋友。通过了解，孩子也不知道该怎么跟父母沟通自己的想法，一方面怕父母焦虑，另一方面觉得说了也没用。于是我跟父母和孩子约定，通过一个月的实操做两件事：①孩子跟爸妈说出自己的需求，并表达希望得到怎样的帮助；②爸妈清晰表达自己的想法，但不强加于孩子，认真听孩子的想法，一起探讨，最终由孩子自己思考和决定。

孩子复学后告诉我，她不再害怕同学关系，现在可以清晰地表达自己，也允许别人有不同的想法。即使跟朋友遇到争执，她也能做到留点儿时间给彼此，事后聊开。她说，跟父母的交往让自己有了很多沟通经验。

### 康复期：有复学意愿，也有做事能量

在这个阶段，孩子的精力和体力都比较好，但刚复学会面临很多困难，会有情绪起伏，父母要做好弹性接纳，多看见孩子的不容易，确认孩子在做他能做的，表达知足，允许孩子有自己的节奏。这个过程中，孩子会在父母的理解中获得同盟感，并在家长的允许和肯定中越来越有独立自主的信心，即使刚开始断断续续地上学，之后也会逐渐稳定。

孩子的复学路漫长而艰难，陪伴孩子走过困境的父母也很辛苦，但只要一家人相互支持，就会 1+1+1>3。在渡过复学营里，一期又一期的家长们反馈夫妻关系变好了，孩子情绪变稳了，亲子之间从对抗到信任，家庭成员从原来的陷入焦虑、相互消耗到后来的相互支持、彼此滋养。看到这些，复学营的全体老师由衷欣慰，也深深体会到：家长在孩子遇到情绪问题时愿意学习提升自己的陪伴能力和智慧，是孩子一生的福气。

## 复学前后的焦虑与困难

在经历了休学的三个阶段之后，孩子要准备复学了，这时，孩子的心理状况时刻牵动着家长的心。那么，当孩子复学前出现焦虑、复学后遇到困难时，家长如何与孩子共进退？渡过父母学堂主编黄鑫老师提出了很多实用的建议和方法，供家长们参考。

应对复学前的焦虑

孩子在确定要复学后，就一直表现出焦虑和担心，具体表现是担心人际关系，害怕自己难以坚持上学，或者出现一些生理反应。孩子的焦虑从何而来？家长又能够做些什么？

从心理学上讲，焦虑源于人对某些事物的欲望，意识到自己可能会失去它，或者不希望发生一些可能会发生的事情。如果你完全没有任何期望、欲望或希望，那么不管发生什么事情，你都会漠不关心，也就不会产生焦虑感。这样看来，孩子感到焦虑，说明孩子对于人际关系、考试成绩和自己的未来是存在着渴望和希望的，这些愿望是美好的，家长需要明白这一点。

除此之外，家长应该也注意到了，孩子的焦虑往往是过度的、夸大的、影响到日常生活的。这是因为在美好愿望的背后，也隐藏着会让孩子感到焦虑的"必须"信念。

首先是针对自己的必须信念。例如，"我必须和同学一样学习""我必须能够正常上学""我必须达到休学前自己的学习成绩"，这样的信念极其容易产生。当孩子对自己产生这样的信念，而又觉得自己也许不能实现时，就会感到焦虑、抑郁、自轻自贱和不安。

其次是针对他人的必须信念。例如，"同学一定要接纳我""同学要喜欢我、认可我""同学不能够对我感到陌生，我们要像休学前那样熟悉""复学后，同学一定会用异样的眼光看待我""同学肯定不会让我融入他们的朋友圈子"。别人的想法是无法控制的，但孩子会在自己的猜测中感到恐惧和不安。

面对孩子这样的焦虑和绝对化信念，家长可以做些什么呢？

### 1. 后退一步

不知道你有没有留意到，家长的焦虑和孩子的焦虑其实是高度相似的，上面提到的一些必须信念，其实也普遍存在于家长的心中。"这次要是再复学失败，孩子可能永远也不能回到学校了""要是孩子在学校里受到挫折，我一定没有办法解决，孩子也会再次陷入抑郁""孩子一定不能对自己要求太高，对自己要求太高一定会失败的"。家长在感到焦虑时，却想让孩子先放下他的焦虑，这明显很困难。

大家一定要明确：你之所以会感到过度焦虑，不是因为你面临了很糟糕的事件，而是因为你存在着必须信念，这些信念本身是不合理的。如果家长不能够放下这样的必须信念，带着这样的信念去劝说孩子、安慰孩子，反而会适得其反。

家长要先克服自己的焦虑，再去跟孩子交流，这样至少不会将焦虑带给孩子。如果家长感觉到自己非常着急和焦虑，并且孩子也焦虑不安，那么后退一步、给孩子留出空间是最好的做法。焦虑是一种能"被喂养"的情绪，家长越是去关注孩子的焦虑，孩子就越是焦虑。后退一步，意味着倾听孩子的焦虑，减少对孩子的询问和安排。

### 2. 为孩子提供选择

帮助孩子的一个思路是，将必须信念转变为一种选择性期望。例如，"我希望这次能够成功复学，要是复学失败了，我会沮丧和失望，但是我依旧可以做自己喜欢做的事，依旧可以好好生活"。这样想的话，就算复学失败了，孩子的心理压力也会少一点儿。选择性期望陈述总能避免一些情绪困扰，因为即使你未能实现目标，也还会有一些其他的选择，即使失败了，也明白这是一种正常的现象，不会受到严重的精神创伤。

### 3. 允许症状的出现

孩子和家长最担心的事就是复学后病情反复。孩子可能会担心自己复学后失眠、头疼，担心在学校情绪低落、提不起精神，担心在学校学不进去而只想回家；家长则会担心孩子回学校后不能适应，病情复发。也许这些担心的事很有可能会发生，这时候掩盖住自己的焦虑，一味地给孩子加油打气，告诉孩子"你一定可以的，你能行"，反而会让孩子感到无路可退。一想到复学后有可能会出现糟糕的情况而家长对自己寄予厚望，孩子可能会更加焦虑。

美国国立精神卫生研究所在心理咨询的过程中发展出了"重构"的方法。咨询师常常建议来访者在改变的过程中慢一点儿，甚至保持现状，并告诉他们，现在这个阶段做出改变有可能会让事情变得更糟。

"担心"是一个魔咒，越是担心这件事会发生，心理暗示就越会让事情朝着坏方向发展。破除"担心"魔咒最好的方式就是允许症状的出现和存在。如果孩子现在已经紧张焦虑到失眠，那就允许孩子失眠，告诉他失眠是一种正常的应激反应，现在失眠很正常，而且回到学校后也很有可能会失眠，但是没有关系，失眠了白天就多休息一下。要是在学校失眠了，晚上辗转反侧睡不着，那就看看小说、看看手机，也不用想着起来学习（孩子失眠可能也是因为学习）。允许症状的出现，也就意味着给予孩子安全感。

#### 应对复学后的困难

很多孩子在复学前还比较有信心，但实际上，孩子在复学后所面临的压力比复学前所面对的只多不少。这让他们一旦感受到痛苦和压力，就会想退回来。

但孩子们最棒的一点是，他们都是渴望成长、渴望发展的，没有任何一个人愿意让自己的人生被一眼看到头。孩子们渴望能够找回自己生命的力量，而真正能够帮到孩子的，是转变后的父母。如果孩子向家长倾诉自己在学校遇到的困难，每天反复给家长打十几个电话，这其实正说明了孩子的内心非常不安，非常沮丧。孩子遭遇的现实挑战演变成了心理层面的挑战。

这个时候，父母的倾听就是对孩子最大的支持了。父母起到的作用比咨询师要大得多，当孩子说很多丧气的话，比如"我不行了，我得回家了"等，父母的有效倾听能使孩子的情绪平静下来。当孩子平静下来后，他自身发展的欲望就会再次出现，他会继续去努力。如果孩子感受到父母的焦虑高于自己，就会有意识地隐瞒自己的真实情绪；当家庭平静下来时，孩子就会愿意向家长求助。

所以，家长自己不能慌，这是一个重要原则。当孩子向你表达负面情绪时，家长不能马上就崩溃了。孩子愿意向父母敞开心扉其实是很难得的事情，如果他们不向父母表达，独自承受，那肯定会在短时间内崩溃。只有孩子的表达得到倾听，他才有机会重新鼓足勇气去行动。

其实，家长就是帮孩子扶着梯子的人。当孩子一步步爬高时，他们会问问家长，下面稳不稳？孩子还会在梯子上跳跃、折腾，用各种动作来证实家长在下面确实扶稳了，然后才能安心地向上爬。家长一定要经得住这些考验。

另外，回到学校以后，老师和同学无意的一句话或某个行为可能会在孩子的心里被放大，产生不好的影响。这其实和我们的思维过程有关，孩子脑子里停不住地设想各种场景，一旦陷进去，在没有其他干预的情况下，就会无穷无尽地循环。

当孩子向家长抱怨或倾诉时，家长可以更多地倾听，让孩子自己去感受并解决问题。孩子能表达出来，其实就是处理问题的开始，这需要父母给予孩子有力的支持，但是在这个过程中，父母常常会忍不住对孩子提出建议，甚至说教。面对这些表达时，父母要尝试去理解孩子所面临的苦恼，竖起耳朵去听，多听、少指点，让孩子在倾诉的过程中自己寻找解决办法。孩子其实不需要我们提供解决方案，在父母倾听的过程中，孩子会自动走出那个思维过程，走出焦虑，做点儿别的事情。

## 复学后的其他常见问题

除了应对复学前的焦虑，遇到困难时的处理方式也格外重要。接下来，我们将对孩子复学后，家长最关心的几个问题做进一步阐述，以解决家长的常见困扰。

### 重新融入新集体

孩子复学后要面临的第一个问题就是重新融入新集体。融入新集体会对孩子的心理造成一定的冲击，孩子可能会感到自卑。我们可以这样换位理解：放了一个年假回来以后，别人都升职了，自己却还在做小职员，此时心里会有怎样的感受？

自卑在青春期是一个常见的情况，但有些孩子的自卑会非常突出。光看到表象的自卑是不够的，当我们往更深层看，可能就会看到孩子的那份恐惧：怕自己学习不好、怕没面子、怕被别人在背后说闲话、怕在一个新环境里没有朋友……一层又一层的恐惧，其实最后都指向孩子自我价值感和安全感的缺失。

孩子感到自卑的时候，家长往往很着急、很心痛，不知道该怎么说才能让孩子认可自己。孩子一诉说，家长就先焦虑起来，如临大敌，急着去跟孩子分辩，恨不能立刻就说服他。但是，在孩子的底层没有构筑好的情况下，我们不能急于去帮助他矫正上层的认知，而是可以先从两个方面进行引导。

### 1. 内部工作

在孩子的世界里，他看到的真相其实源于焦虑情绪下的一种单向思维或者灾难性思维。如果父母在孩子情绪很糟糕的时候进行表达，非要和孩子掰扯认知的问题，去否定他的这一份认知，可能会导致孩子觉得"爸爸妈妈都不理解我，还有谁能理解我"，或者孩子会更加否定自己，觉得自己怎么想都是错的。

面对敏感自卑的孩子，家长需要很小心地对症下药。当孩子对家长表达自己的那份担心、恐惧和自卑时，家长可以耐心地去倾听，先不要着急打断，而是和孩子共情，让孩子的情感流动起来。也可以和孩子说一些令他高兴的或他感兴趣的、擅长的事情，然后不断去强化这种快乐、松弛的感觉。

家长要留心去发现孩子的优势，帮助孩子发现自己在多个领域的强项和优势，让孩子学会自主找到自己内在的资源。这种做法其实就是聚焦正向，要把自己的挑错思维改成正向思维。这要求家长有一双分辨率非常高的眼睛，去发现孩子细微的进步。

有时候家长会说，不知道该怎么鼓励孩子，看不到孩子的成功经验。其实，哪怕只有一点点进步，或者原地踏步，也是值得鼓励的。千万别给孩子贴负面的标签，哪怕他什么行动都没有，但只要表达出积极的想法，就值得鼓励。我们要把这样的价值感、安全感及时反馈给孩子。

**2. 系统工作**

孩子的自卑心理需要的是整个家庭系统的调整。在童年养育的过程中，孩子是通过成人的言语来认识这个世界和进行自我定位的。家长可以找机会多去拥抱孩子、抚摸孩子，因为肌肤接触带来的那种安全感是直达潜意识的。家人之间的关系也很重要，多聊聊家人的优点和他们带给孩子的关心和支持，家庭气氛轻松快乐，这是孩子一生的底气。

学校的环境支持也非常重要，家长要想办法让孩子在学校得到老师和同学的支持，做孩子和老师之间的正向过滤器。

青春期里，家长的作用会逐步地减弱，同龄人和朋友带给孩子的影响会逐步增加。当孩子意识到自己需要朋友的时候，家长就要让渡一部分时间、空间，甚至是金钱，让孩子有一定的条件去经营自己的友谊。

如果孩子真的在师生关系或同学关系中受挫了，家长要做的就是好好去倾听孩子、理解孩子、支持孩子。自卑的孩子心里其实都有自己的一杆秤，所以不要和他讲很多的大道理，避免孩子内耗。

孩子的信心是要靠行动和成功的经验来换取的，而不是仅仅靠一味地夸奖，所以我们要鼓励孩子扩大他的舒适区，鼓励他走出第一步。遇到困难退缩也很正常，因为自卑的孩子潜意识往往是没有力量的，这就需要家长和孩子坚定地站在一起，去打败困难，一次一次地积累成功经验。

如果孩子对社交比较回避，家长也不需要焦虑。有时候这并不是孩子的问题，有的孩子本身就不喜欢和别人一起出去玩耍，他会觉得特别消耗自己的能量，比如有的孩子愿意待在家里做一些手工，认为这更有助于他恢复能量，得到滋养。

问题不是问题，我们对待问题的方式才是问题。

处理人际关系

### 1. 不刻意经营"人设"

有的孩子为了更好地处理人际关系，会刻意给自己打造一个"热情、开朗、外向"的人设，比如笑得很夸张，让自己显得外向。这么做会让他收获一些友谊，但时间一长，他就会不堪重负。"外向的人设"背后，其实体现了主流的价值观：大家下意识觉得外向是好的，内向是不好的。这完全是人为制造出来的定义。

对复学的孩子而言，最重要的是与同伴为伍并能够自洽。孩子可以真正地一步一步变外向肯定不是坏事，但不要偏离真实的自己太多。如果一个人一直假装出另一副模样，他的身心就会分离得很厉害。最后如果摆脱不了人设，他自己也会特别难受和拘谨。

有些孩子并没有刻意去给自己立人设，但在和人交往的过程中，不知不觉就这样做了。这背后其实暗含着自我否定：孩子不接纳真实的自己，觉得真实的自己是不好的。维持人设的过程是非常"耗电"的，时间久了，人会变得低能量。在集体生活里，显得格格不入或者被边缘化是一件特别让人难受的事情，所以孩子非常想融入班集体，甚至成为这个团体里的核心或特别有存在感的人物。这个出发点和动机是非常好的，但没有必要刻意显得自己很外向，只需要全然地接纳自己，然后做适当的修正。尽量真实，在真实的基础上稍加努力，但不要偏离太远。

**2. 学会拒绝**

很多人不敢拒绝，是因为害怕失去这段关系，或者害怕双方相处时的氛围会变得很尴尬。但是在任何一段关系中，每个人都是自由的，不存在一方理应配合另一方，或者无条件答应另一方的任何要求，我们都要把主动权握在自己手上。也有的孩子是因为怕伤害到别人，所以不敢拒绝。很多抑郁的孩子都面临这样一个两难的问题：到底是选择伤害别人，还是伤害自己？抑郁的孩子往往会选择伤害自己，最后伤痕累累，再去伤害别人，形成了一个巨大的反差。

家长应该引导孩子认识到，当自己依然处于抑郁的状态中、能量不够时，还是要首先以自己为中心，把自己照顾好，等自己的能量够用了，再去考虑怎么善待别人、怎么考虑别人的感受。维系人际关系要有两把尺子，一把尺子用来攻击别人，守护自己的边界，另一把尺子用来让别人开心，让别人和自己待在一起时感到很舒服、很享受，比如自己成绩很好、特别幽默，别人和自己待在一起时很有安全感、很有力量。两把尺子配合使用，才能灵活自如地处理人际关系。

怎么拒绝、怎么处理人际关系中的越界行为，背后体现的是我们该怎样去维系自己的人际关系。通过让渡自己的边界来维系人际关系，这样的逻辑本身就非常具有破坏性，且不可持续。我们应该做到，在释放攻击性和拒绝别人的同时，还能给别人输出其他的价值。

一定要在刚认识的时候就建立好关系中相处的规则，一旦经过三五个月或者一两年，相处的模式已经成形了，这个时候再去扭转，会对这段关系产生很大的伤害。关于这类关系的处理与应对，家长可以与孩子进行更多、更深入的交流。

### 3. 释放攻击性

孩子复学后，可能会遇到别人以"开玩笑""阐述事实""就事论事"等方式说一些让自己感到不舒服的话。面对这样的言语，很多孩子不知道该怎么应对，心里会积压很多的不舒服。家长往往会告诉孩子，在学校里面要忍让、宽容、包容别人，这个道理没有错，但是用在抑郁的孩子身上不一定合适。因为抑郁的孩子本身的攻击性就被过度压抑了，他们需要尽量地去释放自己的攻击性，如果对方说的话让他们不舒服了，他们就可以试着反击回去。

即使如此，还是会有很多孩子选择默默忍受，他们担心自己回击别人后会被"报复"、议论或孤立，这就和释放攻击性时的技巧有关。

正确地释放攻击性，需要做到三点：有理、有利、有节。有理，即释放者首先要有道理；有利，即释放者反击某个人对他是有利的，因为那个人触犯到了他的边界；有节，即有节制，别人可能只对释放者表现了十分的攻击性，但如果释放者选择去骂那个人，释放了一百分的攻击性，那么他就会处于道德劣势，对方可能会觉得自己只是在就事论事，反而是释放过多攻击性的人没有素质。

你也可以用这样的例子去引导孩子：当你考了好成绩，别人对你说"要是我也留过一级，肯定也能考好"时，你只需要轻描淡写回他一句"那你也可以留级啊"。

攻击性其实是一种表达，但这种表达确实需要一定的技巧，既要释放攻击性，又要让场面保持和谐，不能让场面太尴尬、太难看。在练习如何释放攻击性的过程中，可能还会"得罪人"，付出一些人际交往上的"成本"，这是一件特别有挑战性的事情。

最好且"成本"最低的方式就是和父母一起练习，孩子练习释放攻击性，家长试着接住孩子的情绪。练习过后进行复盘，在实践的过程中不断摸索，一步步成长。

对于确实没有办法准确表达攻击性的孩子，其实也可以不说话，用微微一笑作为回应。

某篇文章中说到：掌握了"关你什么事"和"关我什么事"这两句话，就能解决人生 80% 以上的烦恼。这两句话也可以运用到我们的练习当中。当然，直接把这两句话说出来会让场面变得尴尬，但是你可以引导孩子在心里牢记这两句话，以此来保护自己的边界。当别人干涉他的事情，或者以某种方式"绑架"他帮自己做事的时候，孩子就可以以此稳住自己的心态。

应对学习压力

孩子复学之后又要重新面对学习压力。有的孩子对学习要求较高，爱钻牛角尖，学不会不知道先放下，有时深夜一两点都睡不着，或者睡眠质量不好，总做噩梦。这些表现让家长非常着急，不知道该如何引导。

孩子爱钻牛角尖其实是家长的定义。有些孩子本身就是比较坚韧、比较执着、愿意攻克难关，这应该是一个优点。家长首先需要看到孩子知难而进的优点，然后再去跟孩子探讨，问问孩子的学习、生活时间是怎么样的，紧不紧张？总体目标是什么？比如想考多少分？数学在其中起的作用是什么？如果把全部精力都用在数学上，所能提高的成绩又有多少？对于目标的实现有没有帮助？如果没有帮助，那要不要重新分配一下时间？

　　家长一定要跟孩子探讨，而不是给他建议，既然家长定义了孩子是钻牛角尖的，那就意味着，你说他不对，他就一定要证明自己是对的，或者要证明你是不对的。所以千万不要给孩子建议，而是要跟他共同探讨，让他看到这样做可能会阻碍自己总体目标的实现，孩子也许就能转念。

　　家长所做的工作都是出于对孩子的爱护和理解，可以去帮他思考，但是不能帮他行动，千万不能非要改变孩子。孩子深夜一两点不睡，那是他想完成他的事情，你要是干扰他，他可能就睡不着了，那就会很麻烦。

　　孩子睡眠不好、做噩梦，说明他的内心出现了问题，有应付不了的事情。家长需要去观察、去侧面了解，在两个人状态比较好的时候，跟他聊聊天，去感受孩子流露出了哪些不开心。

　　即使孩子复学成功了，但他心里的压力、导致他做噩梦的事情没有解决，孩子长时间失眠，那么复学还是会反复的。如果家长发现孩子都不怎么笑了，那么上学其实已经不是最重要的事了，现在他可能在上学，将来也可能会休学，现在他完成了学业，将来走上社会也可能会躲在家里不想上班，此时真正要解决的是孩子心里的问题。

　　家长不要把孩子看成病人，孩子需要吃药就吃药，需要心理辅导就心理辅导。在青春期阶段有学习压力很正常，家长要恰当对待，有什么事都跟孩子商量，给孩子提醒，让孩子思考、自己做决定，提升他的应对能力。

家长每天看着孩子，会觉得他好像没有变化，其实孩子每天都是不一样的，每一点不一样都源自孩子从环境中感受到的变化，孩子有可能逐渐向好，也有可能越来越焦虑，家长要多关注孩子的整体状态和发生的改变，多关注这个人，而不是他的问题，看到孩子本身的优势，让孩子获得希望感。

总之，家长想要孩子复学成功，就要多和孩子聊复学成功的愿景，少聊复学失败的部分，和孩子一起探讨具体该做什么。未来一定是我们从当下一步一步走过去的，我们想要什么，当下就做什么，行动是战胜恐惧的唯一良药。我们每一个人都会被过去所影响，但是不会被过去所决定。人生是一场马拉松，它不在于我们前面跑多快，而在于我们最终走多远。

Adolescent
Depression

## 第 3 章

# 孩子沉迷于游戏和手机，
# 家长如何做

抑郁青少年经常容易花费大量的时间在玩游戏、玩手机上，因此游戏和手机成了家长心目中的"罪魁祸首"。虽然一些家长表面上一副自己已经接纳孩子打游戏、玩手机的样子，但内心却明白那不过是一种被迫的接纳，"不接纳能怎么办呢？我不接纳孩子就康复不了啊"。

然而，家长祈祷却说，游戏成了她孩子的另类救赎。

### 孩子沉迷于游戏，家长如何做

2020 年 7 月，祈祷的女儿顺利完成中考，成绩远超预期，升入了目标学校。女儿康复了许多，他们一家的关系也比她生病前更加亲密和放松，生活重新恢复了平静。

接下来，让我们一起走进祈祷的故事，看看她是如何从游戏中看见孩子，帮助孩子调整状态并实现自我疗愈的。

## 游戏的本质

2018 年 5 月，祈祷的女儿确诊中度抑郁伴轻度焦虑。原来热情活泼、兴趣爱好广泛、成绩名列前茅、比赛获奖无数的好学生，一夜之间变得严重失眠、听不进课、写不了作业、放弃了所有爱好，甚至与男同学打架，常常逃课哭泣，有时还自残。搞得家长每天提心吊胆，急得老师满学校找她。

经过一个学期的挣扎，不堪中考与抑郁症的双重压力，女儿休学了。休学后，女儿宅在家里开启了"手机续命"模式，以前从不打游戏的她，现在成了游戏"瘾君子"，还擅自停了药。

眼看着女儿的学业和治疗同时按下了暂停键，祈祷焦虑得失眠、背疼，靠吃抗焦虑药撑着。祈祷和先生想尽了办法，他们陪女儿看病、吃药、做心理咨询、学习心理学和疾病的相关知识，陪女儿打牌、下棋、玩桌游、外出旅行……能试的办法都试了。出乎意料的是，祈祷曾经深恶痛绝的手机游戏竟然打开了女儿康复的大门。

渡过心理老师小桃子认为，游戏和书籍很相似。有单纯为了赚钱的书籍，比如各种网文会运用一套模板刻意设置一些"爽点"，让读者像上瘾一样情不自禁地阅读下去；同样也有为了赚钱的游戏，这种游戏会设置很多正反馈机制，让人像上瘾一样情不自禁地想要去得到这些正反馈。

同时，有仅仅是想要传达一些内容的书籍，这种书往往具有颇高的价值，内容引人深思，甚至能成为经典名著；游戏也一样，有不少的游戏同样具有很高的艺术价值，目的也不在于营利，仅仅是想表达创作者的心境或者反映某些社会现实。

像书籍一样，游戏仅仅是一种内容载体，承载的是什么取决于游戏创作者。在信息不发达的年代，人类公认的七大艺术有文学、音乐、舞蹈、绘画、雕像、戏剧和建筑。后来电影出现了，可以同时呈现这七种艺术，这种动态的表达形式让电影具有很高的艺术价值。而游戏可以同时包含电影外加七大艺术形式，这种可以互动的内容载体完全可以创作出艺术价值不亚于任何一种七大艺术的内容。有传达价值观不好的电影，也有让人沉迷到食不安寝、夜不能寐的小说，难道因为这些作品的存在，就定论电影和书籍是不好的、让人沉迷的吗？

那么有些家长该发问了，孩子又无法辨别哪些是让他沉迷的游戏，一旦陷在里面就无法自拔了！这个时候，家长和社会就应该起到筛选作用，帮助孩子辨别哪些游戏不适合，哪些游戏适合。可是现在家长一提到游戏便谈虎色变，又何谈筛选呢？小桃子认为，商业游戏中的各种正反馈机制只是促使玩家玩下去的手段，真正让人想在游戏中获得并沉迷的是游戏中的社交体验。

渡过诊所的心理治疗师刘艳也有相似的感受。她认为，在网络世界中，孩子可能体验到了被关爱的感觉，拥有了掌控感与归属感，还能合法地使用暴力。孩子过分沉迷于网络世界并不是出于最为原始的病理学原因，其本质是他能获得在网络之外的世界中无法得到的东西。

孩子无法从家庭和学校中得到这些情感体验，本能需求无法被满足，那么作为一种自救性的行为，他很可能会通过网络世界来刺激自己。所以，沉迷于网络世界不是一个病理现象，而是一种代偿。

随着一个人在网络世界中所处的时间越来越久，他就会越来越漠视外在世界的存在以及自己与外在世界的联结，最后，会逐渐用解离的方式来处理外在世界。网络空间为他提供了一种在传统世界中完全不存在的可能性，对他而言，外在世界像是梦一样，而网络世界才是真正的生活。此时，他很可能会患上游戏障碍，也就是我们常说的游戏成瘾。为了避免孩子过分沉迷游戏，家长需要去理解游戏的本质，了解孩子玩游戏背后的内在需求。

家长应该明白，孩子爱的不是游戏本身，而是在游戏里的感受：自由、愉快、充满力量。游戏还能维护虚拟的关系，营造虚拟的纯情和极致的爱。只是，游戏创造不了实际的价值，无法提供孩子真正的生存需要和实实在在的安全感。孩子沉迷于游戏，其实是在给自己做诊断：低自尊、缺乏安全感；是在向家长们发出呼救：请给我有温度的爱。

## 游戏与被看见

不含联网社交功能的游戏，其销售额最高无法突破 2000 万，而一旦加入联网功能，销量就可以增加一倍不止，玩家黏性和上线次数都会有显著的增高。在一次心理访谈中，一位母亲提到，女儿在家和父母的交流很少，交流的话题也只是游戏，她会谈自己在游戏中认识到的朋友，也会谈自己在游戏中获得的荣誉。

其实这两个话题都与社交有关。在游戏中交朋友肯定是社交，想要在游戏中获得荣誉也是社交。我们所有的情绪体验都是从社交中得到的，出现问题休学在家的孩子更是。这种孩子很在意别人对自己的评价、很敏感，在现实生活中，他们会觉得自己的情绪没有被接纳，努力没有被看见。

"排名第一有什么用？没有家长老师看见，也没有人夸我。我排名第一获得的不是高兴，而是对于下一次测试的恐惧！但在游戏中，我达到了什么成就，这个成就会变成一个勋章、一个头像框、一个皮肤或者一个头衔挂在我的主页，所有人都能看到，所有和我接触到的人都能知道我的努力和我的优秀。

在现实生活中，当你碰到一个陌生人时，你无法向他证明你的优秀，因为你首先要表现一次才能证明。而如果在他面前表现失误了，他就可能会认为你不优秀，这样的话，之前的努力就都白费了。游戏中不会发生这样的情况，我得到的徽章就是会一直挂在主页，碰到陌生人时，我不需要担心证明失败，因为我不用再一次证明了，我空间的徽章代表了一切，我的努力被人看到了。而在现实生活中，我的努力不仅没有被看见，我还要担心下一次失利会导致之前的努力都白费。"所以，孩子一直玩游戏的根本原因就是想要自己的努力被看见。

问题出在哪里？问题就出在孩子的自我价值感太低。自己在现实生活中拼命地努力却没有被看见，没有办法从群体中获得自我认同，获得的只有对于下一次失败的焦虑和恐惧。游戏帮助孩子弥补了这些他曾经缺失的东西。家长此时能做的就是看见孩子的努力，其实，孩子和家长分享游戏中成就的时候也是因为想被看见。如果这个时候，家长不给孩子传达焦虑，而是看见他的努力和情绪，孩子就会自然而然地远离这些商业游戏。不存在成瘾这一说法，孩子希望得到的只是那一个能证明他努力的东西。

家长祈祷也认为，是游戏开启了她和女儿的交流之门。

原本在祈祷心里，网络游戏是"毒药"，会造成孩子视力下降、荒废学业、脱离现实、浪费金钱，甚至导致犯罪。所以，她不仅不让女儿接触游戏，对先生偶尔打游戏也非常反感。女儿休学后，每当看见她捧着手机全神贯注地玩游戏，祈祷就感觉心跳加速，血直冲脑门，恨不能夺下手机扔了。可她不敢，只能劝自己忍，转身躲回卧室独自心烦。

先生正相反，他说既然避免不了，不如顺势而为，引导她去玩和真人连线的《王者荣耀》游戏，至少可以保持与人交流。事已至此，祈祷也只好先放下成见，死马当活马医。

在先生的"忽悠"下，女儿下载并注册了《王者荣耀》，仅试玩几天就入迷了，每天除了吃饭睡觉就是打游戏。先生主动陪女儿打游戏，还买了几个游戏中的英雄和皮肤送给她。女儿激动地搂着先生的脖子大叫："谢谢爸爸！"

此后，女儿开始经常和先生讨论游戏攻略，或者在一起连线作战时大呼小叫。看着他俩玩得那么热闹，祈祷忍不住也动心了，问道："这个怎么注册？我也想试试。"女儿立刻兴奋地帮妈妈下载、注册。当祈祷不会玩，去请教她时，她会很热情地教妈妈技巧，给妈妈演示操作方法，甚至叫上爸爸一起带妈妈连线。

女儿开始在游戏中和同学恢复联系，又通过闺密认识了几个同龄的朋友，他们经常一起微信聊天，组队连线。女儿甚至开始走出家门，约上朋友一起去逛公园、逛商场。假期她还约上闺密，两家一起去上海参观了《王者荣耀》的漫展。

祈祷惊喜地发现，一款小小的游戏竟然成功解决了患抑郁症的女儿与父母和同学的交流难题。

## 游戏与自我疗愈

上面提到的游戏是拥有联机功能的社交类游戏，大部分以营利为目的，孩子在玩那些游戏的时候可以很好地获得成就感，他们的努力可以被别人看到。

除此之外，还有另一类游戏，大多数为独立游戏。这些游戏没有社交属性，流程很短，重开性不高，所以几乎没有成瘾这一说，玩家通关之后就不会再玩了。这种游戏会通过画面和音乐来表达创作者的想法，其中一些完全具有正念疗愈的效果。

小桃子老师曾经在玩《画中世界》和《纪念碑谷》的时候感受到了无与伦比的心静，游戏中的画面、音乐、剧情配合着令人惊叹的关卡设计，让那时因为毕业而焦虑的她少有地沉静了下来，身心完全放松，跟着游戏中的小人在美轮美奂的关卡中遨游，全部通关之后依旧意犹未尽。她也曾在《灵魂旅者》中感受到亲人分离时的痛苦，邮轮在通往已故亲人的路上，她对生命做了重新思考，看到游戏结束时跳出的不是制作人员名单，而是制作人员已故亲属的名单后，她体会到了制作组想让人敬畏生命、好好对待自己和周围的人的良苦用心。

在玩《我的战争》的时候，她扮演了一名战争时期普通的平民，在贫穷而危险的时代生存，面临着种种道德和生存的考验。困难而又精彩的游戏过程让她意识到了，不只是扮演将军冲锋作战、勇猛杀敌才精彩，普通人一样有自己的使命，现实生活中也一样。正如游戏的名字一样，我们每个人都在参战，参与着一场属于自己的战争。

作为一种独特的内容载体，游戏可以让你变成不同的事物，站在不同的时代去体验不同的经历：你可以是一滴水，看尽世间污染；你可以是一艘搭载着灵魂的船，听乘客讲述世间离别；你可以扮演一位盲人，体验盲人生活的不易；你甚至可以只是当一个农场主，放下所有负面情绪，享受属于自己的、快节奏之外的悠闲生活。这些体验会让你沉静下来，去思考自己、思考社会。这是除了有极强代入感的游戏以外，所有的内容载体都难以做到的事情。

对此，祈祷也分享道，女儿通过游戏实现了"挫折教育"，并提升了自信。

女儿玩《王者荣耀》一个多月就打到了"黄金"级别，她对自己的战绩很得意，经常向母亲夸耀。但好景不长。一天晚上，女儿房间突然传出歇斯底里的哭声，紧跟着"啪"的一声，什么东西重重地摔到了地上。祈祷和先生吓得跳了起来，急忙跑进女儿房间查看究竟。只见女儿坐在床上，抱着膝盖号啕大哭，听到父母进来，立即抬起头大骂："什么破游戏、烂系统！一个晚上给我匹配的都是垃圾队友，连输七局，就是故意的！我再也不玩了！"

祈祷捡起她扔在地上的手机，和先生面面相觑。女儿从妈妈手里一把夺过手机，恨恨地卸载了《王者荣耀》，扭头又趴在枕头上开始呜呜大哭，然后把爸爸妈妈轰出了她的房间。

之后很久一段时间，女儿对《王者荣耀》只字未提，也没再玩。直到两个月后的一天晚上，女儿忽然说："我又开始玩《王者荣耀》了。"祈祷和先生交换了一下眼神，淡淡一笑，说道："是吗？你喜欢玩就玩吧。"他们都觉得这是女儿恢复勇气和力量的开始。

有一天，女儿和爸爸正在连线作战，她忽然烦躁地说："爸爸，你怎么老抢我人头啊？我经济都上不去了，这还怎么打啊！"先生连忙道歉："抱歉抱歉，是我没注意，真不是故意的。"女儿听后反而更委屈了，扔下手机，抹着眼泪跑回自己房间，砰地摔上了门。先生尴尬地不知所措，祈祷也无奈地叹了口气。好在这次女儿倒是没有再卸载游戏，也没有摔手机，第二天情绪平静后又开始玩。

几个月后，祈祷看到女儿发的一条朋友圈，一张连输五把的游戏截图和一句简单的话："练吧，相信有一天会练好的。"

回想这几个月，祈祷有时仍会听到女儿大叫"又抢我人头！太过分了吧！"，也会听到她抱怨队友不配合。但是女儿没有再大哭大闹，也没有再卸载游戏，更没有摔手机，再次遇到连续失败时，竟然只是发了这样一条朋友圈，祈祷感到意外又欣慰。

女儿对于挫折的心理承受能力已经在胜利与失败的不断循环中锻炼得越来越强，从输不起变成了拿得起放得下。

通过祈祷女儿的故事，希望各位家长能对游戏有全面、正确的认知，降低自己的焦虑，看见孩子，给予孩子安全感，筛选有利于孩子疗愈的游戏，帮助孩子康复。

## 孩子沉迷于手机，家长如何做

孩子得了抑郁症大多会面临休学在家的情况，沉迷于手机的问题可能会愈加严重，不少家长更是声称"真想把他的手机没收了"。但是真的可以这样做吗？我的观点是：可以收手机，但必须征得孩子的同意。

或许，我们应该先分析一下孩子沉迷于手机的原因。因为他没有成就感。为什么孩子没有成就感？因为他在社会中受挫了。为什么孩子会受挫？因为他生病了。因此，手机只是外因，不是导致孩子生病的真正原因。强制没收手机会击碎孩子的安全感，而最好的处理方式是跟他交流有关手机内容的话题，首先让孩子感到安全，知道父母不会强制要求他。

放松些，孩子只是生病了，他不是不想做，只是做不成。那么，面对孩子沉迷手机的状况，家长该如何做呢？

### 遵从社会发展规律，慢慢引导孩子

我们首先需要建立这样一种认知：孩子抑郁了，没有活力是很正常的，这也涉及药物调整的问题。而手机是社会发展的必然产物，也是向数字化时代迈进的一个标志，能让人们学习到丰富的知识，提升自我，满足认知需求。我们应该遵从社会发展和个体发展的规律，通过网络深入了解这个多元开放的时代。

休学期间的孩子在家睡觉刷手机，是他能量不足的一种体现。人在能量充足的时候可以正常完成自己的社会功能，但如果孩子力不从心，就会选择休息。

孩子在休息的情况下用电子设备来娱乐自己，可能会让家长觉得不放心，但没收手机这件事情是大可不必的。没收了手机以后，孩子会产生焦虑情绪，家长们可以换位思考一下，如果自己没有了手机，是不是也会很难受？

孩子也是一样的，虽然他们的年纪比家长小，但是也对娱乐有自己的要求和选择。对于一些个性比较极端的孩子，如果家长没收了他的手机，他可能会做出更不好的事情，为了避免这种情况发生，家长最好还是不要轻举妄动。

休学期间，家长可以和孩子共同培养一种手机以外的兴趣，让他慢慢明白，生活不只有手机和网络，还有其他更美好、精彩的事情。家长也可以和孩子开启一项竞争，激发他的胜负欲，把他从网络的世界中慢慢吸引回来。其实现实的生活也很精彩，只不过孩子们没有看到而已，而家长的职责就是引导孩子看到现实生活中的美好。

## 恰当使用手机，减少对手机的依赖

如何恰当使用手机、减少孩子对手机的依赖，是家长和孩子共同关注的问题。下面这个情景，相信许多家长都不会陌生。

夜幕降临，满身疲惫的妈妈使劲地揉了揉眼睛，放下了手机，决定去看看孩子。想到孩子可能正在挑灯学习，妈妈放慢脚步，轻轻地来到了孩子的房门前，小心翼翼地推开了门，正准备问孩子饿不饿、想不想吃点儿什么，可眼前的这一幕让妈妈瞬间火冒三丈。

　　妈妈：和你说了多少次了，学习，学习，不要玩手机。

　　孩子：我刚拿起来……

　　妈妈：刚拿起来也不能玩。和你说了多少遍了，快要考试了，好好复习。你的语文作业写了没有？数学卷子做了没有？英语单词背了没有？你是不是不记得上次你的语文考了多少？还有上上次，你的数学成绩倒退了多少？你的……

　　孩子：行了行了，别说了。

　　妈妈：说你怎么了，说你不都是为你好？再说了，你的同桌肯定不玩手机，你的成绩原来和他差不多，你看现在比人家差多少？

　　孩子：你怎么知道人家不玩？人家玩得不比我少。

　　妈妈：还跟我犟嘴。手机交出来，赶紧的！

　　孩子把手机拿在手里藏在身后，躲着妈妈的手。妈妈一把拽过孩子，拿过手机，气呼呼地说：再这样不听话，手机给你摔了。

　　孩子的手机是交出来了，但妈妈刚走出房间，孩子就砰的一声闭紧了房门，原本紧张的空气中弥漫着浓郁的火药味，似乎一点就要爆炸了。

　　面对这样的情景，你想到了什么？你如何看待这位家长和这个孩子呢？其实，手机没有错，只是工具而已，是生活中的必备品。合理地运用手机，它能成为辅助学习、调节压力的好帮手，但是过度依赖手机，则会影响到正常的生活。孩子玩手机不可怕，但也要掌握恰当使用手机的具体方法。

第一，为使用手机设定限制规则。家长可以和孩子共同协商，从使用场所、使用时长、使用目的三方面制定具体的要求。首先，家长要向孩子明确指出，上学的时候不可以带手机或上课时需要关机，避免影响学习状态。其次，家长要和孩子确定合理的使用手机的时间，如每天写完作业后可以玩一小时，周末可以玩两小时，时间到了必须上交手机或关机等，这样既能有效防止孩子近视，也能预防孩子沉迷其中。最后，家长对孩子使用手机的目的也应该有所限制，手机可以为学习和生活带来便利，孩子使用手机应当以联系朋友、查阅资料、答疑解惑为主，偶尔可以适当地玩游戏放松。

第二，正确利用手机中的应用程序。部分手机应用可以为孩子提供丰富的知识和信息，但有些应用也会影响孩子的正常生活，碎片化信息泛滥容易导致青少年无法集中注意力，甚至逐渐失去思考能力，因此，选择使用健康的应用程序至关重要。家长可以了解孩子想要下载的应用程序，分析其对孩子成长的利弊，严格把关，避免孩子受到不良信息的影响，同时鼓励孩子下定决心卸载那些容易引起沉迷的应用程序，用其他替代方案应对卸载后的不适感。

第三，学习摆脱手机依赖的技巧。网络世界丰富多彩，手机是连接孩子和网络世界的桥梁，在逐渐摆脱手机依赖的过程中，孩子难免会留恋手机中的美好。这时，家长可以帮助孩子学习一些防止沉迷的小技巧，如关闭手机消息推送、将手机页面调成黑白色、远离适合玩手机的环境等。当孩子想玩手机的时候，家长可以鼓励孩子先平静自己的情绪，明确自己是一时冲动还是的确需要使用手机，并考虑此时拿起手机可能会引发的后果，在经过谨慎的思考后再决定是否要使用手机。

　　总之，家长对待孩子，要把尊重放在第一位，先了解，再理解，最后进行引导。我们要相信，无论是健康的孩子，还是生病的孩子，每一个孩子都希望自己更好、更优秀，每一个孩子都希望家长以自己为骄傲。

# 第 4 章

# 孩子有自伤、自杀倾向，<br>家长如何做

2021 年 5 月 9 日下午，警方接到报警，根据现场勘察和尸检结果，确认学生小林（化名）死于坠楼。

在学生坠楼前，监控录像拍摄到学生用美工刀自伤的情景，能看到明显伤口。同时，学生有垂头、摇脑等动作，似乎情绪低落，最后爬上实验楼 5 楼平台的栏杆，结束了自己的生命。

记者采访了小林的家属，试图探寻他走向绝路的原因。

小林的母亲告诉记者，小林的成绩一向优秀。在此前约一周，他的考试成绩不理想，但能冷静地分析原因，并宽慰母亲不要紧张，情绪一直不错。随后妈妈也对小林说："我会相信你的，不会给你什么压力。"

　　出事当天，小林还在和妈妈讨论暑假去哪里旅游，离家去学校前，笑着和妈妈说了再见，始终未见异常。这与小林妈妈先前在微博上的说法一致。根据警方调查，小林在学校没有遇到什么人际矛盾，未遭受辱骂、侵害。学校组织的心理测评也显示其"状态良好"。

　　然而，当警方调取小林生前使用过的手机数据时，却在QQ聊天记录中看见了"一跃解千愁"的字样。在悲剧发生前几天的聊天记录中，也能看出他"自我否定、多虑"的倾向。一些同学表示，小林的性格相对内向。警方在小林的随身物品中找到一张他写给女生的纸条，上面写着"最近几乎每周哭三次，上过天台，割过腕"等内容。

　　这样的悲剧让我们忍不住发出疑问：孩子平常看着好好的，为什么突然就自杀了？还多次割腕自伤？对此，心理咨询师王骏分析了引发孩子自伤、自杀的多重原因。

## 引发孩子自伤、自杀的多重原因

### 与孩子自伤、自杀相关的理论

#### 抑郁症的双重加工理论

　　弗洛伊德认为，人的意识结构从浅到深包括意识、前意识、潜意识。意识是正常的理性思维；前意识介于意识和潜意识之间；潜意识是处于自动化的条件反射状态，例如，自己回到家门口，脑子还在想工作上的问题，手会自动地掏钥匙开门，不需要思考开门的整个过程；在马路上驾车，突然有人横穿过来，司机会紧急刹车或调转方向。人的早期经历产生的记忆、认知、情绪、行为习惯存储在前意识和潜意识之中，前意识层面的信息可以通过回忆调取，而潜意识在一般状态下不可召唤，只能通过解梦和催眠探索。

Ingram（1984）、Smith 和 DeCoster（2000）等提出的"双重加工理论"认为，个体的信息加工主要包括联想加工（前意识）和反思加工（理性意识）两套系统。一般情况下，当个体出现消极状态时，理性意识可以进行防御和消除，让心情处于平静状态。

但一部分个体早期经历了很多不良事件，产生了大量的消极记忆、认知和情绪。这些消极信息没有得到处理，处于潜伏状态，平时对人的生活干扰不大，但如果个体遭遇负面应激、时间压力、竞争性任务等多种状况，存储于前意识的消极信息就会自动浮现出来，此时，陷入应激中的理性意识处于紊乱罢工状态，无法对消极信息进行防御和消除。随着消极认知和情绪越来越多，当下的外来消极信息和早期的消极信息逐步全面占据个体的大脑思维，引发抑郁易感个体的抑郁状态和自伤、自杀行为。

很多人认为，人会得抑郁症和出现自伤、自杀行为，仅是因为某些群体的性格多愁善感，不坚强，心胸不开阔。其实，抑郁症很大程度上受生理因素影响，与患者的性格、思维方式、情绪等心理因素不一定有关系，有兴趣的读者可参阅中国科学院的期刊论文《抑郁易感性因素的神经机制》。

催眠的信息过载理论

某个员工出于对自身利益的维护，想去找老板提点儿要求。

结果他进了老板办公室被说了一通后，只是一个劲儿地点头，什么目的都没达到，就莫名其妙从办公室出来了，还发了一阵子愣。

这是典型的清醒催眠的信息过载现象，只是程度不深，类似被短期洗脑一样。除了谈判辩论等策略，权威人士一个重要的谈话技术就是使用信息过载。

在一定的时间内，当一般人的大脑承受了过多的信息，又来不及筛选丢弃的时候，人的思维过滤机制进入短暂的空白期，外来的信息就可以直接灌输进来，在短时间内成为个体自己的思维认知。正如上述例子，离开老板的办公室后，有的人会在若干分钟过后明白过来，恢复之前的想法，有的人恢复时间则更长。

当骂人的一方使用"否定人的存在价值"的语句时，例如"你就是个废物，活着有什么用，怎么不去死，你死了大家就好了"等，成年人有分辨能力，能读懂文字后面的情绪，对这类语句进行防御，而大多数未成年人只能读取文字的表面意思，不明白文字背后的情绪（家长并不想让自己死，只是非常生气）。尤其是当权威人士（例如老师和家长）说出这类话时，未成年人的吸收程度很高。

如果孩子仅被单纯打了几下，他们的心理痛苦程度可能不会非常高，但如果是长时间"狂轰滥炸"式的训斥，包含大量"否定人的存在价值"的语句，孩子只会认同这些话表面上的意思：我是废物，没有活着的必要。你要我去死，那我就去死。我死了，你们就舒服了。

在应激状态下，抑郁易感群体对这种词句没有防御能力，这种信息过载的表达方式，会让孩子将这类语句直接转换成行动。同时，家庭、学校、社会中存在"死亡教育"的缺失，未成年人对死亡没有实质性的感受和理解，缺少对生命价值的珍惜。

## 满（超）负荷工作的家长

当今社会处于高速运转状态，大多数人都紧张且繁忙，这种满（超）负荷的工作生活与精神压力会使人经常处于疲劳、焦虑状态，产生并累积非常大的消极情绪。

曾经有个老师问学生，怎么几次开家长会都看不到你的家长呢，学生却回答说，自己的父母都是工厂流水线员工，加班是常事，请假很难，还要扣工资。此外，许多家长如果在上班期间被叫到学校，累积已久的消极情绪可能会全部爆发。他们对孩子发飙的经典语句是：我都这么辛苦了，你还给我惹事。

忙碌、疲劳的家长也很少有时间和精力跟孩子互动交流，即使孩子在学校受了欺负，遭遇了不公平的对待，他们也无暇顾及，甚至会说，"你要反思自己的错，因为苍蝇不叮无缝的蛋"。

## 课外活动娱乐的匮乏

老一辈人的学生时代虽然物质条件差，但学业内容较少，课余活动时间充足，通过各种游戏玩耍、奔跑嬉闹，能够释放掉大量的学业和生活压力。但从 20 世纪 90 年代开始，各种培训补习班纷纷出现。之后，"不要输在起跑线上"的口号更是让中小学教育竞争走向白热化。孩子们的玩耍活动几乎全被挤占，压力释放渠道也被封堵。

## 失恋带来的无价值感

失恋群体最大的消极感受之一是无价值感，感觉自己被抛弃，不值得对方珍惜，没有任何价值。有的个体会采取一些过激的行为，甚至自伤、自杀给对方看。这样的过激行为往往存在于自卑心态较重的群体中，他们更缺乏情感或物质资源，自信心较强的群体则不容易出现。

自杀行为由"自己没有存在价值，不配活着"的认知推动，同时也是表达攻击的方式，"家长要我去死，我就死给家长看"。当个体面临难以承受的重压却不能反击，也无法将愤怒转移的时候，自伤、自杀会成为快速释放愤怒与痛苦的一种方式。在这个短暂冲动的时间段，如果身边存在可以提供冲动行为的便利条件，如位于高楼层的窗户、走廊栏杆、大桥等，则有可能增加孩子自伤、自杀的风险。

## 及时识别孩子的自伤、自杀倾向

美国国家心理健康研究所（NIMH）认为，当某人有以下行为表现时，他可能正在考虑自杀，亲友或同伴应特别注意：

* 言谈中流露出想死或想自杀。
* 常说感觉空虚、无望，或没有生活的理由。
* 制订自杀计划或寻找自杀的方法，如上网搜索自杀方法，购买并积攒安眠药。
* 常说感觉非常内疚或羞愧。
* 为生活或工作所困，或感觉没有解决办法和出路。
* 感觉到难以忍受的痛苦（情绪上的痛苦或身体上的痛苦）。
* 常提到不想成为他人的负担。

* 更频繁地使用酒精或药物。

* 表现出焦虑或激动。

* 回避家人和朋友。

* 改变饮食和睡眠习惯。

* 表现出愤怒或谈论报复。

* 冒着可能导致死亡的巨大风险，比如车开得非常快。

* 经常谈论或思考死亡。

* 表现出极端的情绪波动，突然从非常悲伤转变为非常冷静或快乐。

* 放弃重要的财产。

* 告别亲朋好友。

* 安排好后事，留下遗嘱。

　　孩子有以上任何言语、行为或状态，都需要引起你的高度重视，并及时寻求专业帮助，不要觉得不好意思，这和身体上生病去看医生是一样的，"讳疾忌医"，受苦的只会是你的孩子和家人。当孩子处在崩溃边缘的很多时候，出于本能，他们是会发出求助信号的，只是被我们有意或无意地忽视了。

　　如果你想更详细地评估孩子的自杀风险，可以参考 PIMPS 自杀风险评估提纲<sup>⊖</sup>，其中提到的五个因素可以帮助我们综合评估孩子当时的自杀风险大概有多大。

　　计划（Plan）：有没有自伤或者自杀的计划？是否有具体的时间和地点？（计划越详细，风险越高。）

　　意图（Intention）：是不是已经产生了自杀的意图？

---

　　⊖　仅供参考，如有需要请去专业医院或机构进行评估和求助。

方式（Means）：有没有想到具体的自杀方法？（自杀的方法越详细具体，风险越高。）

过往尝试（Prior attempts）：之前有没有尝试过自杀？是否有过这样的念头，或者有过这样的一个实际行为？（曾经有过自杀的行动，现在实施自杀的可能性相对更高。）

支持系统（Support system）：有没有社会支持系统？有没有信任的人？（社会支持越薄弱的人，风险越高。）

除了上面提到的行为表现，渡过父母学堂的心理咨询师于芷渲也分享了她的观点。她认为，如果把人的内心世界比喻成一座巨大的冰山，外显的行为就只是露出水面的冰山一角，而下面隐藏的巨大部分支配着人的情绪、观点和深层的渴望。家长可以从情绪和认知两个角度对孩子出现自伤、自杀的想法、倾向和行为进行分析，更敏锐地识别孩子的自杀倾向。

情绪

无论是偶尔抱怨一下"我不想活了"，还是真的施行自杀行为，孩子的内心感受都是无力、无助、失望，甚至极度绝望的。这些情绪如果长期积压在心里，得不到疏解，就会像一个装满了各种垃圾的巨大垃圾桶，随时有爆掉的危险。情绪是一种能量，同样遵守能量守恒定律，当身体长期超出了正常的承受力时，人体也会自动地寻找能量的出口，这时自杀就很容易从情绪冲动变为想法，最后变成行动。

这里介绍一个心理学理念，叫作"容纳之窗"，指的是当一个人面对压力时，身心可承受的范围。在容纳之窗内，人的身心处在"适度激发状态"，尚可稳定与理性地面对困境，解决问题。

当外界压力持续增加，人就可能进入"过高激发状态"，即能量过强，出现焦躁、易怒、失眠、冲动等情形。如果孩子长期处于容纳之窗的警戒线，再加上突发应激事件，如失恋、考试失利、被父母训斥等，就很容易直接被压力逼出容纳之窗。情绪失控状态下发生的冲动型自杀常见于青少年中。

与之相对的是"过低激发状态"，即能量不足，出现疲惫、无力、忧郁、失去动力等情形。严重抑郁症患者最后决定自杀，或者有动机、有准备的自杀多数是这种情况。

无论是过高激发状态还是过低激发状态，家长都需要将孩子带回容纳之窗内，也就是回到正常的非应激状态。两者的方法和方向截然不同，前者是恢复平静，后者是重塑希望。但共通之处在于家长先要管理好自己的情绪状态，家长的平静、理解和包容是孩子最好的药。当孩子已经处于容纳之窗外的时候，内心是非常敏感和脆弱的，家长不经意的一个哀怨眼神或稍带指责的语调，都可能给孩子造成巨大的心理负担，甚至变成压死骆驼的最后那根稻草。

## 认知

人的行为是和认知高度相关的。青春期前期，也就是从 10 岁左右开始（当然每个孩子的状态和时间会有差异），孩子的心理特点之一就是开始思考人生的意义和价值，思考自己为什么活着，希望树立自己在世界上的独特性。当孩子问出这些问题的时候，父母要有觉察，不要觉得孩子在瞎想，甚至指责孩子不好好学习，而是要把问题当成和孩子交流的一个机会，帮助孩子找到自己人生的意义和方向。

　　青春期的孩子对自己、对世界的认知是不准确和不稳定的。很多时候，他们会觉得自己已经长大，对自己产生许多期待，"觉得自己很牛、很厉害""敢做别人不敢做的事情""追求轰轰烈烈"变成了标榜自己独立意识的标志。但他们的思想并不足够成熟，容易受到别人，尤其是同龄人的眼光和想法的影响。一旦自己的表现让别人失望，或觉得自己在一些重要的方面有缺点，比如女孩子的身材容貌，他们就会担心别人对自己的看法，甚至产生自卑的心理。这时突遇一点儿挫折、打击，他们内心的担忧就会转变成对自己扭曲的认知，比如"我一无是处""世界上没有人爱我""一切都完了"。这种想法会被无限放大，如果长期无法得到校正，甚至会影响孩子一生的自我认知。

　　关于自杀的另一个扭曲认知是：死了一了百了，就再也不用面对痛苦了，其实这是身陷痛苦中的孩子无力应对当前的压力和困难，而采用的一种逃避的无效的解决方法。如果一个人长期处于应激状态，就会出现这种"认知狭窄"的现象，对于思想本来就还不成熟的孩子更是如此。

　　从自伤到自杀念头，再到自杀倾向，最后实施自杀行为，这是一个渐进的转化过程，就像从感冒到肺炎到肺癌的过程。自杀念头其实并不可怕，很多人在压力过大的时候都会有这样一闪而过的念头，家长如果能早发现，及时协助，正确、有效地干预，自杀的想法就不会像毒瘤般一直在孩子心里滋长。

## 当孩子已经表现出自伤倾向时，如何做

　　孩子的自杀无疑会给父母带来沉重的压力和痛苦，但是如果

没有出现这种极端情况，家长是否就可以掉以轻心了呢？与自杀相比，孩子的自伤行为往往更加隐蔽和复杂，而其带来的影响却不小，所以家长万万不可以忽略孩子的自伤倾向。

## 理解孩子的自伤倾向

渡过咨询师、父母学堂主编黄鑫曾写过一段描述孩子自伤的话：

> 有时候我会伤害自己，用小刀划伤手臂，一道又一道，或者用尖锐物体戳自己的皮肤。我知道会疼痛，我知道会流血，我也知道你们发现之后会很难过。你们总是对我说不要自伤了，不要再伤害自己了。可是你们知道我为什么要自伤吗？自伤对于我来说，有一定的意义。

孩子最初的、冲动性的自我割伤或划伤，最有可能起到交流功能，因为对自我伤害行为最震惊的，可能就是孩子自己和周围的人。

最初的割伤表达的是孩子想要努力"划开"一直保持沉默的情感和家庭环境。如果这一沟通信息没有被家长接收，也没有被环境调整，自我割伤就会成为一种纯粹的、排他的、潜在的持久行为，意味着接纳的失败。

比如，抑郁症、焦虑症或双相情感障碍导致的割伤，是自伤者对自己真实存在的某种具体化的确定。或者在看似不可能的情况下，自伤者无法设想任何有益的变化，所以他们企图使局势保持不变。在这样的抗争过程中，他们同时经历了无力感和对自主的需求。割伤不是一种"应对"策略，而是他们被痛苦困住的一种表现。

这里描述的是尚未常态化、尚未根深蒂固且保留着潜在希望的早期割伤。青春期的孩子会以自伤行为来表达某种情绪，此时身体是一个客体，是与自我分离的。通过割伤来自我伤害的做法涉及一个关键特征，即身体成为可以被"处理"或被"惩罚"的东西，从而使自伤者可以通过具体的身体攻击，间接地控制和处理自己的情绪。

青春期的发展，会使身体成为"无法控制的感情、本能冲动的目标和接收器"。根据有效调查，出现自我伤害行为的平均年龄为 12～18 岁，女孩更容易割伤或掐伤，而男孩喜欢更有攻击性的方法，如自我击打或捶墙。

与其他强调了消化过程的自我毁灭行为（暴饮暴食、催吐、饥饿等）相比，割伤更强调了皮肤的意义。皮肤是早期爱或痛苦的身体和情感接触的场所，可以将人与人的身体连接在一起，表现出人际的接纳关系。接纳的中断很容易通过皮肤的破裂来表达。

在渡过心理咨询师伊林的来访者中，有一位 16 岁的女孩小A。有一天，在咨询过程中，小 A 当着咨询师的面做出了自伤行为。

由于父母工作忙，小 A 从小由奶奶抚养长大，在她三岁时奶奶去世了，父母又把她交给保姆带着，直到七岁才接回身边。上小学时，小 A 由父母接送，但除了照顾好她的衣食起居外，他们没有更多时间和她交流互动。直到她上初中后被诊断为抑郁症，父母才意识到自己的问题，开始对孩子百般呵护和照顾。但此时，孩子从父母那里已经感受不到爱和关怀了。

咨询过程中，咨询师感觉到，由于小时候的创伤性经历以及先天基因中对情感的迟钝，小 A 的情绪是难过而悲伤的。她似乎想找到家的温暖，于是咨询师和小 A 设置了他们可以一起玩的游戏。

小 A：我觉得，爸爸没有买到我想要的背包，真是太差劲了。他只看了几家店。

咨询师：你觉得他并没有真的很努力，否则他可以找到你最喜欢的背包？

小 A：是的。

咨询师：最重要的是，你妈妈也不在。（停顿）有的时候，你不知道能依靠谁。

小 A：（点点头，从膝盖上撕下一块痂皮——她穿着短裤，鲜血顺着她的腿往下流淌。）

咨询师：（感到震惊和惊恐。）

小 A 要求去卫生间把血迹清理掉，然后回来。

小 A：不结痂的话会不会留疤？

咨询师：不结痂是不会痊愈的。你不知道该依靠谁，而且还伤害了自己。

小 A：我并不想伤害自己，我只是在结痂的时候会这样做。

咨询师：但我认为，当一个人感到无人照顾时，就像他们很难为自己着想一样，很容易会发生这样的事儿。

小 A：（点头，并回头看了看这个互动发生时他们正在进行的游戏）你有三次赢的机会，我没有任何机会。

咨询师：我觉得你肯定很关心你能依靠谁。

小 A：（点头。）

咨询师：但我并不是说你没有任何机会。你的其中一个
　　　　机会就是了解这些事情，和我一起思考。

小 A：你有 iPod 吗？我有一些新的音乐可以给你播放。
　　　 我下次会拿我的 iPod。

在这段咨询中，小 A 非常自然地拔掉了膝盖上的痂皮，突然得让咨询师感觉不出她到底是在夸张还是在挑衅，也不觉得她是在有意识地对自己表达愤怒，他只是感到震惊和惊恐。相信家长们在得知孩子自伤的时候，也同样满是震惊和惊恐，更想搞清楚孩子为什么会自伤和自己该怎么办。

### 孩子从自伤中获得了什么

伤害自己无疑是痛苦的，可是孩子却想从痛苦中获得一些"快乐"的感受。自伤者伤害自己后会感到放松、轻松和平静。你可能会很奇怪，为什么伤害自己能够感到放松和平静呢？

研究者采访了许多自伤的个体，他们大多反馈自己自伤是为了获得情绪上的宣泄，如缓解麻木、空虚的感觉，惩罚自己，缓解糟糕的情绪，鞭策或鼓励自己，寻求刺激等。自伤行使情绪管理功能的主要表现为，当事人在自伤之前会有强烈的受挫、抑郁、自责、愤怒、空洞、无助、孤独、压力感等负性体验，自伤之后，这些负性体验会得到缓解或消除。

这样的体验不仅是心理上的，还会带来生理（指尖血容量、指尖脉冲波幅、心率、最大心率、最小心率、呼吸、皮肤阻抗水平）上的变化。自伤前，个体的生理指标反馈出紧张的特征，自

伤后，个体的生理指标反馈出放松的特征。

除了感到放松，自伤者还会获得别人的关注和关心，或者在社会功能管理上获益。比如获得来自他人的支持，或免除了某些义务和责任，如逃避上学、工作等；行使社会功能管理以影响、控制他人或获得他人的接纳，如向别人炫耀、被同伴小团体接纳等。

孩子为什么会自伤

在孩子自伤行为的背后，蕴含着生物学、社会环境和个体因素。

### 1. 生物学因素

早年研究者就在灵长类动物中发现了与人类同样的自伤现象，后续研究发现，与自伤有关的生物学因素包括内源性阿片肽、羟色胺、多巴胺系统等，其中被认为起关键作用的是内源性阿片肽，它可能和自伤的一种病理性体验——无痛感密切相关。自伤者所感受到的疼痛水平比常人要低一些，而无痛感自伤者的病理性程度更高，其抑郁、焦虑、愤怒、混乱、分离体验等水平也都明显高于有痛感自伤者。

### 2. 社会环境因素

个体无法在不良的环境中学会恰当地表达情绪，或掌握情绪调节的策略。在不良环境中成长的个体承受了更多的压力、痛苦和挫折，这些负性刺激更容易激起强烈的消极情绪，从而增加了情绪调节的难度和负荷。

### 3. 个体因素

自伤者的普遍特征是存在情绪管理障碍，情绪感受比较脆弱，缺乏情绪管理能力。

情绪感受脆弱性表现为情绪易唤起、强度高、难平复。较小的刺激也会让个体产生失控的感觉，这使得自伤者在日常生活中会产生更频繁、更高强度的负性感受。当面对同样的压力情境时，自伤者比普通人群更容易产生负性感受。

情绪管理能力的缺乏具体表现为述情障碍和情绪调节困难。述情障碍是一种认知情感障碍，指个体难以通过言语表达、释放或传递情绪感受。情绪调节困难指相对于普通人，个体难以意识、理解、接受自己的情绪体验，以及灵活地运用策略做出适当的行为。针对近千名大学生样本的研究发现，情绪调节困难能将自伤者与非自伤者区分开，准确率约 80%。

## 帮助孩子不再自伤

自伤的本质是一种适应不良的应对方式，是自伤者在面临强烈负性体验时，因缺乏有效的应对策略而采取的一种功能不良的情绪管理方式。自伤并非自伤者唯一的情绪管理方式，绝大部分自伤者会采取多种方法遏制自伤行为的实施，如通过运动、做家务、倾诉、听音乐等多种方式进行调节。

自伤是一种操作性条件反射的结果，当自伤者第一次自伤并感受到了情绪的快速缓解，或者收获周围人的关注之后，他就会"上瘾"，之后也会不由自主地采取同样的办法。

如果家长想要帮助孩子不再自伤，可以识别以下四种要素。

（1）诱发自伤的情境，即孩子自伤前发生了什么事件，这些事件涉及哪些重要他人，如父母、老师或朋友等。

（2）当事人的感受和体验，包括自伤之前、之中和之后的体验。常见的自伤之前的体验包括焦虑、愤怒、受挫、羞愧、厌恶、悲伤、空洞、无助、孤独等；自伤之中和之后则感到释放、轻松、平静等。另外，有无痛感和分离程度也是重要的评估标准，无痛感和分离程度越高，由自伤导致意外死亡的风险就越高。

（3）当事人的认知信念，即当事人的所思所想，如"自伤可以让父母注意我""我讨厌自己"等。

（4）自伤的结果，即自伤为当事人带来的"好处"，如"男朋友答应不分手了""心情不那么糟糕了"等。

整合了这四个方面的信息之后，家长就对孩子的自伤情况有了一定的了解。判断孩子的自伤行为与什么人有关，在什么情境下、以怎样的方式导致了自伤行为的发生。

当孩子自伤时，请不要埋怨他，也不要放弃他。家长可以帮助孩子有意识地理解并接纳自己的情绪；在他经历负性情绪体验时，帮助他抑制冲动性行为或做一些其他的宣泄性行为；还可以帮助他客观地认识负性情绪，并在他被负性情绪压垮之前，持续引导他、关注他、包容他。


## 当孩子已经表现出自杀倾向时，如何做

当发现孩子表现出自杀倾向时，家长先不要慌。心理咨询师于芷渲整理了六条措施来帮助家长。

### 用心倾听孩子的话语

让孩子尽情倾诉，没有时间限制。家长最重要的是用心倾

听，一定不要插话、点评，甚至指责。

在孩子没有主动问家长反馈之前，不需要主动给反馈，如果实在想给，请先征得孩子的同意。如果孩子说不想听，请保持沉默，这是对孩子，更是对一个独立的生命最基本的尊重。不要急着去解决孩子的问题，给予孩子最初生命动力的是爱，所以唤回孩子活下去的动力也是爱，而当孩子遇到困难时，耐心的陪伴就是最好的爱。

## 在平静和包容中理解孩子

家长可以不同意孩子的观点，但需要接纳孩子的感受，做孩子情感的容器，尽最大可能在孩子面前保持平静和包容。

面对自己的孩子，家长难免会投注大量自己的复杂情绪，比如恐惧、委屈、无力。这里介绍一个小妙招给家长，在倾听时，把孩子当成别人家的孩子，这样就容易做到平静和包容了，也更容易去理解对方。在遇到巨大打击的时候，孩子内心很容易退回到一个比实际年龄幼稚很多的状态，这时就需要父母像包容小孩子，甚至是小婴儿般包容和理解。

## 勇敢面对孩子的心理危机

当孩子说想自杀时，家长应认真对待，不要轻视，也不要回避，更不要指责，这些做法只会让问题更糟糕。面对危机，需要的是勇敢，而此时正是家长为孩子树立勇敢面对挫折的榜样的时候。

请带着上面谈到的尊重、平静和包容，询问孩子，"在你痛苦、绝望的时候，会想到要结束自己的生命吗"，如果孩子说有，请立即启动自杀风险评估程序。询问一个人有无自杀念头不但不会引起自杀，反而可以拯救生命。必要时可以求助专业人士，对生命保持敬畏心，不要存在侥幸心理，认为孩子应该是想用死来威胁自己、矫情、不敢死、不会真的想死的……

## 协助评估孩子的自杀风险

这是最重要的一点！请找专业人士来协助评估孩子的自杀风险，并与你和孩子沟通。因为此时父母想做到冷静和客观是非常难的，而且自杀风险评估和干预本来也是一件很专业的事，需要由具有心理学专业知识的专业团队来完成。

不要觉得因为是自己的孩子，家长就可以独立完成这项艰巨的工作，就像医生不能给自己做阑尾炎手术一样，这种自大的心理会延误最佳的干预时机，严重的话可能会错过一个生命。更何况，此时需要帮助的已经不仅仅是孩子，而是整个家庭，因为当面对自己的孩子要自杀时，父母本身就已经处于高压和应激状态，也是需要心理支持的对象，需要在专业人士的支持下保持自己内心的平静和稳定，否则不仅不能帮到孩子，可能还会成为孩子情绪的导火索、问题的加速器。

## 留意有高自杀风险的孩子

如果评估结果表明孩子自杀的风险很高，请把一切可以自杀的工具收起来，不要让孩子接触到。不要让他独处，保证他24小时身边有人。很多悲剧都是在看似没有预兆的情况下，或者在家人疏忽时不经意发生的。

## 帮助孩子重建自我价值观

即使暂时性的危机得到了解决，孩子终于恢复了正常的学习和生活，父母也千万不要觉得万事大吉了，而是需要开启一轮严肃认真并深刻的自我反思：面对同样的压力和困难，为什么我孩子的内心会如此脆弱？大量心理咨询的案例告诉我们，即使孩子表面表现得很正常，也不代表孩子真的没事，因为那不过是自欺欺人的社会面具，其实自杀者的内心早已是千疮百孔，一片荒芜。所以更重要的任务是帮助孩子重建自我价值感，因为自杀的本质是内心极低的自我价值感。

正所谓"冰冻三尺非一日之寒"，父母需要反思自己的教育方式和与孩子沟通的方式如何影响了孩子的自我价值感。一个天天被父母批评或没有情感交流的孩子是不会有自我认可的。父母甚至要思考自己是一个怎样的人，因为"一个功能良好的心理结构，最重要的来源是父母的人格"。也就是说，父母给孩子创造了什么样的人格环境，孩子将来就容易成长为什么样的人。

从心理学创伤理论的角度讲，父母自身没有处理好的心理创伤会以潜意识的方式传递给孩子，即"代际创伤的传递"。如果父母一直挣扎在情绪的黑洞里，他们的爱就是干涸的，无法给孩子爱的滋养。如果父母是这种情况，也同样需要一位靠谱的心理咨询师的帮助，做一些自我探索，先学会爱自己，才能给孩子更多真正的爱。

20 世纪 70 年代，穷困潦倒的美国抽象派画家马克·罗斯科（Mark Rothko）在画室结束了自己的生命。差不多同一时期，遭受残酷迫害的中国著名女作家丁玲却没有选择自我了断，而是一边劳作一边坚持创作。多年以后，她穿着朴素的白衬衣，坐在一把老藤椅上，这样回忆自己的选择：人，只要有一种信念，有所追求，什么艰苦都能忍受，什么环境也都能适应。

　　家长必须想办法说服伤痕累累的年轻生命，尽管生活看上去并不理想，但总还有其他的选择。绝大多数时候，"痛苦地活着"会比"死亡的解脱"更有意义。

Adolescent
Depression

# 第 5 章

# 孩子有双相障碍，家长如何做

医生：最近一个月感觉怎么样？

孩子：感觉挺好的。

医生：怎么样才算是感觉挺好的呢？

孩子：嗯，就是觉得情绪好起来了，开心了。

医生：觉得开心的时候，你会觉得自己停不下来，总想去做点儿什么吗？

孩子：对的！我现在也不像之前那么没力气了，最近觉得自己精力旺盛，睡觉只睡 4 个小时也不觉得困，每天总想着去做点儿什么事。

医生：哦，那你觉得自己能做些什么呢？

孩子：我觉得我可以复学参加考试，我前两天看了一下书，觉得也没那么难，休学一年没落下太多课程，稍微补一下课就行；我最近看了别人弹钢琴的视频，我也想去学，弹钢琴看上去很不错；而且我昨天还报名了一个健身课，办了年卡，现在安排每天健身……

医生：嗯，看来你对自己的能力还是很自信的。

孩子：对啊，我觉得我都可以做到。

医生：好像一个月之前你的情绪还比较低落，也不太有精力去做这些事，现在你的状态突然变得很好，中间发生了什么事吗？

孩子：好像也没有什么特别重要的事，就慢慢变成这样了，应该是按时吃药的原因，我觉得可能是我的病治好了吧。

医生：考试、弹钢琴、健身这些事，你在生病之前会同时去做吗？

孩子：唔……可能不会吧。感觉生病之前的状态还没有现在好。

医生：你觉得你的注意力能够长时间集中吗？

孩子：学习的话，感觉十几分钟就会走神，看电视或者打游戏什么的，过一会儿就有点烦。

医生：你觉得你的情绪是像过山车一样，还是比较平稳的？

孩子：感觉像过山车一样，波动比较大。

## "抑制"和"兴奋"的碰撞

双相障碍（以下简称为双相）曾经是一个很冷僻的词，很长一个阶段，人们都只知道抑郁症，而不知道双相。后来，人们发现很多病人除了有抑郁表现，还有躁狂特征，于是这样的症状被命名为双相。据说在欧洲，诊断双相平均要花 8 年时间。从抑郁症到双相，反映了精神医学对情绪障碍认知的阶段性进步。

最近十来年，双相开始逐步进入大众视野。越来越多的医生学会了双相这个词，开始用这把尺子衡量病人，并发现很多人都符合双相的诊断标准。于是，近年来又出现了双相扩大化倾向，一个患者动不动就被诊断为双相。这让很多患者非常纠结，因为双相是六种严重精神障碍之一，一旦谁被戴上双相的帽子，就会愁肠百结，背上沉重的思想负担。

渡过创办人张进老师也曾经坚定地认为，双相和抑郁症是两种病，病理不一样，治疗不一样，预后也不一样。但经过密切跟踪、观察、分析大量双相病例后，张进老师逐渐有了新的认识。他认为双相和抑郁症不过是名词之争，很多患者一会儿被诊断为抑郁症，一会儿被诊断为双相，一会儿又改回抑郁症，而且都能找到理由，误诊、漏诊，反反复复，比比皆是。最后到底是怎么回事？谁也说不清。

其实，如果撇开这两个名词，回归疾病的本质，我们会看到，世上本来没有双相和抑郁症这两种区分，只有抑郁和躁狂这两种状态。每位患者都会有不同程度的抑郁和躁狂迹象，甚至任何人也都会在某个特定情况下表现出抑郁和躁狂的一面，只是程度轻微、时间不固定且能自行调整，因此自己体会不到而已。

陆汝斌医生曾经告诉他："抑郁症有 45 种亚型；双相有 7

种亚型，细分可分为 24 种亚型，每种都不一样。"分类如此复杂，说明目前现代医学对精神疾病的机理缺乏准确认知，只能用"抑郁症""双相"这样的名词，把林林总总的复杂现象框在一起。

抽离这些症状具体而复杂的表现，透过现象看本质，抑郁和躁狂这两种状态都是神经过程的不同表现。正如巴甫洛夫所说："所有精神疾病都是抑制和兴奋这两种基本神经过程的冲突造成的。"抑郁症和双相也只不过是"兴奋"和"抑制"这两种神经过程碰撞的结果。

每个人都会经历这两种神经过程，因此相应地存在一个情绪变动的区间，区间的一头是抑郁，一头是躁狂，人们的情绪就在这个区间内波动。波动是永恒的，静止是暂时的。如果你的神经调节功能强大，区间范围就宽广，不至于发病；如果你的情绪超过了这个区间而无法自己调节，就有可能发病，并被诊断为抑郁症或双相。

这一理论可以用来解释药源性双相，即药物解除了神经网络的抑制过程，刺激其转向兴奋过程，于是发生了转相，主要体现为躁狂。

"青少年时期的病症都是双相"的观点也以此来解释：青春期孩子的生理、心理状况都在极速发展中，神经过程自我调节功能弱，兴奋和抑制转化频繁。身心不稳定造成的陌生感和不平衡感会导致其节律紊乱，有可能一会儿表现出抑郁，一会儿表现出躁狂，相应地出现心理、行为偏差，从而很容易被诊断为"双相"。

## 不必谈"双相"而色变

在现实中，许许多多患者都会长时间纠结于自己"到底是抑郁症还是双相"。抑郁症和双相的分类如此之细，想下每种诊断都不难找到依据，因此给患者带来了无穷的疑惑和烦恼。

我们或许不必那么在意诊断，而只需牢牢抓住症状，以症状为核心，确定治疗的方向和手段，即用各种方法调整兴奋和抑制这两种神经过程，尽可能让它们处于平衡和适应状态，使其波动不超过可控区间，这些方法包括用药、心理咨询、自我调节、社会支持等。

这样做的意义有两个：一是打消人们对于双相的恐惧，以平常心待之；二是在干预手段的选择上，不必严格区分双相和抑郁症，干预的重点在于恰当选择干预的时机，即在何种状态下，采用何种药物、何种剂量或何种药物组合。

在预后方面，也并非患了双相就绝对不能停药，而只要看抑制和兴奋这两种神经过程能否平衡。双相停药有三个必要条件：第一，躯体症状消失，情绪稳定；第二，心理冲突基本解决，内心平静安宁；第三，环境足够友好，压力在可控范围内。——当然，达到这三项殊为不易。

假如未来有一天我们能够看清疾病的本质，就会发现它们之间的差别并不如我们今天想象的这样简单。打个比方，它们就像一个万花筒，反射出不同的方面；或者像一个光谱，在同一个区间内构成连续的分布。更进一步说，不仅双相和抑郁症之间没有分水岭，正常人和病人之间也没有分水岭。我们没有必要谈双相而色变，真正需要训练的，是从生物、心理、社会三个层面，提高自己神经过程的调节能力。

## 让"转相"成为契机

在不少服用抗抑郁药转相的案例中，我们发现，患者最终往往会意识到自己是转相而非病愈，并因此从希望、欣喜转为失望、沮丧，这是可以理解的。但转相虽不能说是好事，同样也不能简单说是坏事，它可以被理解为"危机"——危中之机。如果能恰当利用转相中的有利因素，或许可以化不利为有利，给整个疗愈过程带来转机。

张进老师分享了自己的经历，来具体说明自己是如何让转相成为契机，从而把危机变成机遇的。

十年前，我经历了一次从重度抑郁到躁狂的转相。此前，在长达七个月的时间里，我陷入了深度抑郁之中，服用多种药物也毫无效果，每况愈下，身心俱损，处于人生的最低谷。

那时，我的精神健康知识几乎为零，完全不懂抑郁的规律，因此悲观绝望，意志力消耗殆尽，每天卧床不起，如同行尸走肉。

尽管我根本不相信自己的病能治好，仍抱着"死马当活马医"的心态，只坚持做一件事：吃药。对我来说，吃药就像牵着风筝的一根线，尽管希望渺茫，毕竟也还是希望；如果吃药也放弃了，就一点儿希望也没有了。毕竟吃药是最简单的，而锻炼身体、做心理治疗、参与社会活动等，都需要一定的能量，那时的我即使有心也无力做到。

所幸药物终于见效。记得在第二次换药后的第十九天，我隐隐约约发现自己的注意力能够集中了，随后的三天时间内，我的食欲、情绪、情感、动力逐一回升，思维能力、阅读能力、写作能力、表达能力统统恢复。我后来在渡过中描述了当时的狂喜：

"犹记药物见效的那一天，如同一个密闭的房间被厚厚的窗帘遮挡，不见一丝光亮，突然"唰"的一声，窗帘被一只手强有力地拉开，灿烂的阳光瞬间破窗而入，穿透了整个房间。"

当时，我对抑郁一无所知，完全不懂得什么叫双相，什么是转相，只以为自己是好了。狂喜之下，信心恢复，立刻开始行动。当天下午我就出门跑步，尽管身体虚弱，也拼力坚持。我在跑道上对自己说：坚持、再坚持，多跑一步，就朝彻底康复接近一步。

以此为起点，我开始了自救。除了坚持吃药，我还努力研究自己，想搞清自己得的是什么病、为什么会得病、怎样才能治好病。人生转轨亦由此开始。

现在回过头看，转相后的前三年，我应该是处于轻躁狂状态。好在我利用了轻躁狂带来的生命动力进行学习、研究、采访、写作、出书、办公众号，事情越做越多，社会链接越来越广泛，越来越能体现自身价值，身心进入良性循环……不敢想象，假如没有这次转相，我继续陷于重度抑郁状态，悲观绝望，坐以待毙，结果会怎样。

那时，我并不知道自己处于轻躁狂之中，还是同事后来告诉我说，虽然我总体正常，但还是表现出了某些和以前不一样的地方，比如做决定比较快，比较草率，不太在乎别人的评价；做事快而粗，细节把握不够，某些精细判断能力受损，等等。

所幸当时的轻躁狂没有酿成事端或带来重大损失，而是成了改变的契机。我用三年的时间从躁狂状态逐渐平稳滑降，成功实现了软着陆，不但没有复发，还写了三本书，办了一个公众号，不然就不会有今天渡过的事业了。

## 如何把危机变成机遇

事实上，很多人转相后会陷入频繁的情绪波动中，最后变成快速循环，甚至是混合相，每天的情绪如同过山车一般激荡，痛苦不堪。但我们仍然认为，可调控的空间还是存在的，如果把握得当，软着陆的可能性也很大。

那么，如何把"危中之机"转化为真正的机遇？张进老师认为可以从以下几个方面着手：

**第一，接纳双相这个事实，客观冷静面对，分析有利和不利条件，制定整体治疗策略。**双相是一个客观存在，即使不发生转相，双相也仍然是双相，只是暂时没有表现出来。因此，对于转相，我们不必否认，不必追悔，不必有"为什么落到我头上"的怨怼，而是要坦然面对、认真分析，努力寻找对自己有利的方面，将条件为我所用。

**第二，坚持用药。**对于双相治疗来说，用药是基础，而且这特别考验医生用药的技巧。好比走钢丝，治疗双相必须在抑郁和躁狂之间把握恰到好处的平衡。

双相的临床表现复杂多样，单药治疗往往效果不好，大多需要联合用药。一旦转相，就要当机立断调整药物。首先要减少抗抑郁药，避免患者变成混合相，同时也要防止压得过猛，再次把患者打入抑郁状态。要考虑每个患者的个体差异，考虑所用药物的半衰期以及和其他药物的拮抗关系等。整个用药过程必须全局在胸、整体把握，同时考虑特异性因素，做出个性化安排，实时调整药物。

双相用药是一门艺术，有逻辑、有节奏，特别考验医生的能力，也考验患者的耐心。患者不能指望医生一步调药成功，要允许医生试错。只有医患之间充分信任、合作，才能取得良好的治疗效果。

**第三，恰当利用转相，借助躁狂激活自身**。治疗抑郁的关键是自救，而自救的关键是行动。行动的前提是要有动力，如果患者长期处于抑郁状态，动力、情感双重缺乏，是很难有行动能力的。

这时，转相就可能成为一个契机。患者要抓住这个契机，激发正向思维，改变认知，强化信心，积极行动，多做一些事情。以转相为支点，激活自己，体现自我价值，从而进一步强化信心，形成良性循环。同时，要多管齐下进行自我调整，保持良好状态。即使出现小规模跌落，由于患者能够鉴往知来，就可以维持信心，不至于毫无抵抗地堕入深渊。

在这个意义上，转相往往会成为行动的第一步。

**第四，加强自我觉察**。转相是危机，接纳是前提，用药是基础，而觉察则是上述一切的基础。

首先，正确用药需要觉察。再高明的医生，也是在密切了解患者情况后才能对症下药。患者的情况自己最清楚，只有学会自我觉察，才能完整准确地把自己的情况告知医生，甚至可以和医生讨论，共同制定用药方案。

其次，利用转相激活自己也要靠觉察保驾护航。行动需要借助躁狂带来的动力，但行动本身也可能会强化躁狂。这就需要患者加强觉察，判断自己处于哪一种状态，敏锐发现转相的苗头，然后通盘考虑，权衡利弊，及时采取药物之外的措施，做相应的调整。

比如，如果患者判断自己轻度抑郁了，那就要注意休息，减少压力，调和内心冲突。一般来说，抑郁时的觉察力和领悟力会更好些，抑郁期可以做一些需要深度思考的事情。

如果患者判断自己处于轻躁狂状态，那就可以利用躁狂的活力和思维速度，从事需要创造力的活动，比如艺术。同时要规律作息，减少社交，不凑热闹，避免进一步强化兴奋，刺激躁狂。

综上所述，转相不是好事，我们当然要努力避免转相。但是，如果转相是既成事实，则不要否认，也不必沮丧，而要利用转相带来的正向情绪和动力积极行动起来，实实在在做一些事情，体现自我价值，获得自信，走上疗愈正途，避免大起大落，谨慎小心控制自己的人生之翼，实现软着陆。

第三部分

# 如何改善青少年
# 抑郁状况

Adolescent
Depression

Adolescent
Depression

# 第 6 章

# 家庭支持

家庭治疗师郑玫认为："危机往往和机遇并存，青春期就是这样的一个时期。"

一方面，青春期充满着泥泞和不确定性，孩子们可能会因为碰到一些卡点而停滞下来，这时需要修复过往的创伤，甚至可能要回到心理发展的早期去重新修复。另一方面，他们身体、心理发展的洪流也势不可挡地滚滚而来。亲子关系就处在两种力量的夹击和交锋之中，伴着孩子度过暗流涌动的青春期。

当家长在认知和思想上有了很大的转变，并体现到行动上时，就能够直接帮助到孩子，对于生病的孩子来说更是如此。家庭是一个系统，就像湖面上的层层涟漪，互相影响。家庭中一个成员的微小改变，有时会给整个家庭带来巨大的变化。家庭既是困境的承载者，又是资源与力量之所在。

　　因此，只要家庭成员积极地参与治疗并提供支持，孩子就能获得一定的修复和发展。

## 抓住孩子的求救信号

　　某韩国艺人因抑郁症自杀，年仅 25 岁。她的死在家长和孩子中引发了无尽哀伤。人们这才注意到，此前一段时间，她很多反常怪异的行为，其实是在尽最大的努力发出求救信号，只是没有被身边的亲友觉察，以至于成为永远的遗憾。

　　这并不是个别事例，借由这一事件，婚姻家庭治疗师夏生华建议家长觉察患病孩子发出的求救信号，抓住正向回应孩子的最佳时机。

### "妈妈，我太累了，我不想去学校了"

　　俗话说：创业难，守业更难。治疗期好似"创业"，孩子患病初期属症状急性爆发期，这一阶段家长会高度重视和警觉，同时也会降低目标，认为只要孩子健康就好。康复期好似"守业"，随着病情的好转，孩子情绪逐渐平稳，亲子关系极大改善，家长就会有更高的期待，慢慢地将目标调整为希望孩子和过去一样优秀。

　　殊不知，这时孩子的能量尚未完全恢复，过高的期待会成为孩子新的焦虑源。孩子拼尽全力去奋斗，却得不到想要的结果，会再一次被挫败感击垮。面对一次又一次的失败，孩子会陷入深深的自我否定中，产生一系列"糟糕至极"的灾难化思维。

　　如果你是患者妈妈，当孩子对你说出"妈妈，我太累了，我不想去学校了"这句话时，一定要高度警觉：孩子一是在试探家长的态度，二是在向家长发出求救信号。

抑郁症患者的能量好似决堤的洪水，只有流出，没有流入。去学校上学、在课堂上听讲、和同学交往，这些看似再正常不过的事情，对于刚刚尝试复学的孩子来说，是他们目前的能量不足以支撑的。

此时，家长要表明态度，可以说："宝贝，如果感觉吃不消，我们可以休息几天，身体健康最重要。请假不是逃避和退缩，而是休整，是策略。"这意味着家长接收了孩子的信号。假如家长没有这样做，而是说"再坚持坚持"，就很可能会毁了孩子。曾有个孩子告诉夏生华老师，在他难受得不行的时候，爸爸在他书桌上放了一本《钢铁是怎样炼成的》，他当时想死的心都有。

家长需要做的是和孩子深层沟通，引导孩子充分表达内心真实的想法，并一起探讨解决方案。暂时隔离刺激源，提供理解和支持，帮助孩子降低焦虑情绪，恢复能量。

看到这里，家长们或许会有疑虑：孩子好不容易成功复学了，这样会不会变相纵容他，以至于前功尽弃？

当然不会。抑郁的孩子生病前大多意志强大，自律性好，不允许自己犯错和失败。家长感觉孩子是突然变成这个样子的，其实他们挺了很久才倒下。

家长要给孩子足够的时间来补充能量。家长放慢脚步，孩子才会加快脚步。请爸爸妈妈们多疼爱孩子一些吧！

"妈妈，你看这个自杀新闻，听说他是抑郁症患者？"

大多数患有情感障碍的孩子都极度敏感，情绪波动大，很多时候父母不经意的一句话、一个眼神、一声叹息，就有可能伤害到他，抑或是埋下危险的种子。

陪伴过程中，父母需要时刻觉察自己的言行，高度关注孩子的情绪变化，抓住孩子每一个求救信号。与其补救于已然，不如防患于未然。比如，长期处于抑郁状态的孩子情绪低落，对自己失望，对生活悲观。如果发现孩子总是看一些负面信息，屏蔽了外界所有的美好，家长就要高度关注。

当孩子对你说"妈妈，你看这个自杀新闻，听说他是抑郁症患者？"时，家长需要高度警觉，并做出正向回应。请注意，这是一个求救信号，同时也是孩子主动伸出手向家长求助的一次机会。

面对孩子的问题，很多家长的反应却是立刻转移话题，分散孩子的关注点，回避"自杀""抑郁症"这些可怕的话题。他们就像擅长跳跃的马里奥一样，总是巧妙地躲闪过去，并暗自佩服自己的智慧。家长可能会说："宝贝，你看一点儿积极、正能量的新闻好不好？以后不要看这些了。妈妈给你做了你最爱吃的糖醋里脊……"这样的回应表面上看似平静而巧妙，其实既没能为孩子的负向情绪提供一个出口，也失去了正向回应孩子的最佳时机。

当孩子谈到"自杀""抑郁症"的时候，家长需要放下手头的工作，认真地坐下来和孩子好好谈一谈。要把孩子当作朋友一样认真倾听，引导孩子表达自己内心的真实感受和想法，并对他的想法和感受表示理解，真正接纳，引领孩子从多种角度去看问题。

妈妈可以这么对孩子说："孩子，妈妈想跟你谈谈自己对'自杀'的理解。其实，'自杀'常常是人在极度绝望时的选择。他不一定是懦弱，也不一定是在逃避，只是面对生活中的困境，他一时无法解决眼前的问题，才做出了这样的选择。他不知道选择了这个，就意味着失去了其他所有的办法。其实，妈妈在你这个年龄的时候，也遇到过很多挫折，也曾经很多次想到过死，连死的方式都想好了。有一段日子真的很绝望，无论怎么想都觉得无路可走，不如死了算了，可是每次又都会挺一挺。很多在当时看解决不了的问题，暂时放一放，后来就真的有转机了……现在想想，幸亏当年我'挺一挺、放一放'，要不然就不会遇到你爸爸，更不会拥有你这个小仙女了。"

面对家长真诚的理解和分享，孩子可能就会回应："妈妈，其实我不但有过自杀的想法，还有计划呢……"

这时，孩子也许就能开始放下内心的包袱，向妈妈敞开心扉。孩子会感觉妈妈是值得信任的，是理解她的，是懂她的，是可以和她共患难的，是可以并肩作战的。

妈妈可以接着说："抑郁症是一种疾病，与抑郁症的抗争是一场博弈，我们要科学对待，多了解一些知识，知己知彼，百战不殆。我们一起了解它，战胜它。就像面对《哈利·波特》中的摄魂怪，我们要用强大的爱创造自己的呼神护卫，来打败它们，这个爱就是我们全家的力量。"

如果孩子回应："妈妈，我会咒语。"妈妈就可以说："孩子，我们一起来。"

抑郁状态下的孩子，内心是黑暗的、极度恐慌的，感觉自己前面的路被一堵厚厚的墙堵死了，才会绝望、无助，不得已放弃自己。这个时候，如果家长对"自杀""抑郁症"这些问题比孩子还要敏感，刻意回避，不愿提起，就会错失干预的良机。正确的办法是在阻挡孩子的墙上凿出一道缝隙，透进一丝光亮，让孩子自己走出来。

### "妈妈，我们家有多少存款？"

前面提到，患有情感障碍的孩子向家长提出相关问题时，一般有两个意图：一是试探、了解家长的态度；二是主动发出求救信号，寻求家长帮助。

#### 试探家长的态度

孩子在急性发作期处于低能量状态，有明显的躯体症状，基本日常生活以及社会功能严重受损，不得不休学在家。一般情况下，如果家长能够提供好的家庭支持，系统、全面地治疗一段时间，孩子的病理性症状和情绪会逐渐改善。

到了治疗巩固期，孩子的身体能量和思考能力得以恢复，开始尝试了解自己的病情，分析病因，有些孩子甚至能探索自救之路。这一阶段，除了不能上学和生物钟紊乱，孩子其他方面都基本恢复正常。很多家长反映，孩子在这一时期经常会问这样的问题："妈妈，我们家有多少存款？""我们家就只有这一套房吗？""妈妈，你和爸爸每个月的工资是多少？"类似这样的问题会不止一次问，直到获得满意的答案才肯罢休。

面对孩子这样的问题，家长可以直接回答，将家中的经济状况如实告诉孩子。孩子可能只是在试探家长的态度，坦率的回答可以适当减轻孩子的压力和负担。

主动发出求救信号，寻求家长帮助

人本主义心理学家马斯洛提出，人类的需求是按照先后顺序出现的，只有满足了较低的需求后，才会出现较高级的需求。需求层次由低到高依次是：生理需求、安全需求、社交需求、尊重需求和自我实现需求。

对青少年来说，生理需求就是保证充足的睡眠、健康的饮食、合理的运动，让身体处于健康状态，这是所有需求的基础；安全需求则包括人身安全、生活稳定，以及免遭痛苦、疾病等；社交需求体现在和周围人的正常交往中，包括家人、老师、同学、朋友，关乎友谊、忠诚、关心、接纳和归属感，归属感很重要，如果孩子感觉难以融入一个小团体或是班集体，与大家格格不入，就会非常痛苦；尊重的需求体现在荣誉、成就、信心、自由、独立等方面，如参加班级活动为班级争得荣誉，积极进取获得优异成绩，进而树立自信心，获得他人的认可和尊重等；自我实现需求则包括自我价值的实现、目标的规划等。

从需求层次来看，患病的孩子之所以无法正常上学、生活、社交，很明显是因为目前处于需求层次的最低阶段，也就是生存需求。当孩子向家长提出上述问题时，首先说明孩子的病情在逐渐好转，已经由基本的生存需求转向更高一级的安全需求了。

所谓安全感，就是人们内心对于安全的需求。面对不和谐的家庭关系，孩子会对家庭产生极度的恐慌和无助感；面对突如其来的疾病，孩子会对生命产生极度的恐惧感和无力感；面临学业中断，孩子会对未来产生极度的不确定性和不可控感。这时候，孩子对于金钱的关注，是他在尝试建立唯一能够确定的、可控的安全感的表现。

　　家长可以这样回复孩子："宝贝，请你相信爸爸妈妈是有能力经营好这个家的，我们的实力不容小觑哦。你呢，现在正是养精蓄锐的时期，什么都不要想，给自己时间好好休整。"

　　孩子的不安全感直接来自父母的不安全感，所以父母首先要建立自己的安全感，不断自我成长，给孩子一个足够安全、温暖的家庭氛围，唤醒孩子内心巨大的力量。

　　父母要像一颗悬挂在空中的恒星，始终温暖而又坚定地照亮自己，也照亮孩子，让自己的光芒驱散孩子眼前的黑暗。

### "妈妈，班上有同学欺负我"

　　影片《少年的你》一经上映便引起广泛关注，继《悲伤逆流成河》后，它又一次将校园暴力的话题带入公众视野。片中，三好学生陈念遭到班上三个女生的欺凌。她们在她的凳子上倒红墨水，把她推下楼梯，拿排球砸她，甚至拍裸照，最终引发了悲剧。而陈念并不是被她们欺凌的第一个人，此前还有一位女生因不堪忍受，最终跳楼而死。

　　剧情触动人心，而现实生活中这样的事情从未停止过，甚至比剧情更加残酷。每每发生这样的事件，人们既愤慨又震惊，但情绪上的触动和言语上的谴责只是像一阵风吹过，敏感的人感受到凉意，迟钝的人甚至不曾觉察。看似风平浪静的校园，实则隐藏着潜在的风险。

　　校园暴力对一个孩子的成长和心理的影响是巨大的。在遭受霸凌的时候，孩子常常不知道如何为自己发声，久而久之会变得胆小、脆弱、敏感，最终因为恐惧学校而休学。

　　心理学中有种现象叫"习得性无助"，指经过反复的尝试，只得到反复的失败，最终演变成被动地接受，开始否定自我。与此相关的错误核心信念就是：我不行。

最初，孩子试图通过努力来改变现状，但是经过一次次的失望后，他们开始选择逃避，逃避不了就默默承受，压抑自己的情绪，把无尽的愤怒埋在心里。其中一些孩子病了，明显症状就是对外攻击性强，稍有外界的刺激，前一秒还是天使，后一秒就变成了魔鬼。他们愤怒的眼神、疯狂的怒吼、紧握的拳头，好像要把整个世界都捏得粉碎。不但消耗自己，父母也被消耗得心力交瘁，痛不欲生。

他们到底经历了什么，为什么会有如此强烈的怨恨和愤怒呢？下面我们来看咨询师夏生华曾遇到的一个案例。

小熙，17岁，患有双相情感障碍。他戴着近视眼镜，显得很儒雅，从小看过很多书，很健谈。于高一休学，目前已休学一年。休学之前，小熙成绩排名中上，喜欢航模，曾获得全市航模比赛二等奖。

对于这样一个男生，你或许不会把他和"攻击性""暴力"这些词联系在一起。

小熙回忆，自己最初的伤痛来自初二的数学课上。当时，后面的同学用力用桌子推他，他强装镇定，继续听课，可是祸不单行，此时老师叫他起来回答问题，他大脑一片空白，根本回答不出，于是换来了一节课的罚站。

课后，班主任找他谈话。他鼓足勇气把那位同学经常欺负他的事情如实说了，可万万没想到的是，老师听后大发雷霆，说："你上课不认真听课也就罢了，还把责任推给班长，这是态度问题、品质问题，写3000字检讨在班会上读，周五把家长请来！"

他回到教室后，听见班里的同学都在议论他，每个同学的眼神都让他紧张和恐惧。他感觉自己好像犯下了不可饶恕的罪行，要受到众人的审判。他默默走到课桌前坐下来，不敢抬头，甚至不敢喘气。他怕，他真的害怕极了。

好不容易熬到放学回家，他刚打开学校的QQ群，就发现群里炸开了锅，有人说"班长被狗咬了"，还有的人发了他的照片，大家应和着要"将他雪藏"。一气之下，他将手机扔进垃圾桶，这一刻，他感觉自己就是垃圾。

晚饭时，他机械地将食物送进口中，吃着吃着，一滴泪掉进了碗里。父母问他原因，他也不作声。这时候，父亲说："瞧你那窝囊样儿，还能干什么，跟人打架了？"他摇摇头。"有本事就还回去，别回家就甩脸子，好像我们欠你的。再说了，人家为什么不欺负别人，就欺负你？你也要好好反思一下自己。"母亲补了一句。

他站起身，恶狠狠地看了父母一眼，就回自己房间了。

第二天早上的上学路上，他被三个同学暴揍了一顿。从那以后，小熙挨揍变成了家常便饭，回家就会遭到父母的责骂，说他学坏了，天天和人打架。

好不容易初三毕业，他总算可以远离那些人，感觉自己终于可以自由了。可是，高一刚上了一周课，他就浑身难受，慢慢地，只要一想起学校就呼吸急促、坐立不安。

小熙说到这儿停了下来，他对夏生华说："老师，直到现在我都很恨他们，甚至恨这个世界，也恨自己。"

小熙的妈妈显得很憔悴,问:"老师,你看我的孩子还有救吗?这一年来,他一生气就砸家里的东西,甚至打我和他爸爸。他住院治疗了一个月,目前在服药,但只要发作起来,感觉病情好像没有好转,我们实在不知道该怎么办了。"

这个案例中,小熙遭遇到来自同学的语言暴力、情绪暴力、网络暴力以及肢体暴力,并且在被同学欺凌的创伤尚未修复的同时,又受到老师和家长的语言暴力,形成了二次创伤,并逐渐发展为叠加性创伤。

在这一次次的创伤中,他对自己失望,对老师失望。最终,父母的冷漠和不理解让他彻底失去了最后一丝希望。于是,他接受了被欺凌的现状,再也不去反抗和求助。

他的每一次发作,都是将自己体内积蓄已久的愤怒爆发出来,这种爆发既会大量耗费他的能量,同时又会不断助长他内心的仇恨。他俨然成了一个自己最讨厌的施暴者,而这样的行为也在不断地强化暴力行为,甚至父母的哀怨、哭泣都成了他的背景音乐。他完全失控了,事后又一次次陷入内疚、自责、羞愧中,这种失控的状态成了恶性循环,一家人都仿佛陷入沼泽地,无法逃离。

那么,对于已经患病的孩子或已经受到创伤的孩子,家长如何做才能修复孩子内心的创伤呢?

修复创伤唯有爱和时间,没有其他。一个人只有带着爱才能感知到美好,体验到幸福,感受到快乐。只有在爱中长大的孩子,才能回报世界以善意和温柔。

孩子已经受伤了,我们不能跟随孩子沉浸在仇恨当中不作为，任由仇恨蔓延，而是要让孩子清楚地看到这个世界本来的样子。这个世界本来就是美丑、善恶、是非的统一，怎样才能在这样的矛盾中找到平衡？这需要智慧，而作为家长，也许你可以这么说："孩子，曾经伤害你的只是一个老师或几个同学而已，不是所有的老师和同学都会像他们一样。而处在那时的你和我们，在现在看来，都缺乏足够的智慧和勇气。如果能够重来，我们一定会有更好的应对办法，我相信老师和同学也会有不同的做法。因为我们每个人都是在不断地成长，不断地完善自己的。孩子，谢谢你，承受了这么多痛苦，来成就所有伤害过你的人，包括父母，也包括你自己。"

父母要为孩子人为搭建一个爱的疗愈场，让他重新感受到老师的关爱和公正，同学的关心和扶持，家长的支持和智慧。让他明白，这个世界因为矛盾才完整，因为痛过才能真切地感受到幸福。让他感受到，他值得被这个世界温柔以待，是有能力找到平衡点，从容地应对生活的。

这个过程是创伤修复的过程，更是人格升华的过程，只能说：唯有爱能够替代恨，其他交给时间。或许正如渡过梁辉老师所说，我们应该对孩子走"理解认同、合理化、心理援助、共同面对"的路线，增强父母与孩子间的信任，使孩子感受到巨大的支持，提升内在力量。

## 重塑家庭关系

中国文化是家的文化，家庭可以对孩子的疗愈发挥很大的作用。如果孩子患了抑郁症，最重要的是给予支持，让家庭成为一个爱的港湾，帮助孩子树立康复的信心。

## 觉察家庭模式

渡过讲师、陪伴者邹峰回顾最近几年的经历时说："我接触了很多休学孩子的家庭，每个家庭各不相同，但是都有一个相对比较共通的模式，用家长们耳熟能详的一句话描述就是：抑郁的孩子，焦虑的妈妈，缺失的爸爸。"

根据他的个人观察，爸爸不仅仅是缺失的，而且往往是被妖魔化的。在妈妈的描述中，爸爸在外面对朋友同事客客气气，但是在家里脾气暴躁，对妻子不关心，对孩子没耐心。喜欢讽刺打击家人，没有家庭责任感，动不动就情绪失控、大吼大叫。从小对孩子使用暴力，给孩子带来很多心理创伤，孩子出问题后，又把责任推到妈妈身上，怪妈妈把孩子宠坏了。有些爸爸出口伤人，不接纳孩子，有些干脆装聋作哑，不闻不问，逃避责任，很少回家。再严重的，就是有外遇、分居、离婚。总之，这个爸爸简直就是一个魔鬼的形象。

之所以用了"被妖魔化"这样的词，是因为邹峰不止一次发现，当自己实际接触到那个爸爸的时候，原来还担心他脾气暴躁、无法交流，心里惴惴不安，结果惊奇地发现，这个爸爸不仅外形憨态可掬、笑口常开，还态度温和、风趣幽默，甚至学识渊博、多才多艺，有些简直就是个真人版的大肚弥勒佛，和妈妈描绘的魔鬼爸爸形象大相径庭。

这类家庭模式可以总结为：缺乏安全感的孩子，情绪不稳定的妈妈，被妖魔化的爸爸。

有人说，父亲是孩子认识的第一个陌生人。孩子如果和这个

"陌生人"建立起良好的信任关系，那么日后也会在这个"陌生人"的带领下，认识更多的陌生人并建立良好的信任关系。可以说，父亲是孩子认识外部世界的一个窗口，也是孩子日后完成社会化的一个重要通道。

婴儿在母亲体内孕育长大，离开母亲的子宫后继续在母亲的怀抱中哺乳，被母亲无微不至地照顾，所以母婴关系是一种天然的亲密关系。这种母婴间的亲密关系会很自然地将父亲排斥在外。成功地插入母婴关系是对每一个父亲的考验，也是对孩子的健康成长至关重要的一步。如果父亲不能成功地插入母婴关系，他也会感受到强烈的挫败感，容易把注意力投向外部，比如在外面和朋友喝酒娱乐、长期出差、选择去外地工作等。

这个时候，母亲容易开始抱怨，甚至在孩子面前表达对父亲的不满，从而陷入恶性循环：父亲进一步被排斥，感受到挫败感，然后逃离，母亲进一步地表达不满和抱怨。最后导致的结果就是"缺失的父亲"，再严重一点儿就是"被妖魔化的父亲"。

在父亲长期缺位的情况下，孩子和母亲长期共生纠缠、相爱相杀，彼此抱怨又互相离不开，孩子的社会化会严重受阻，导致社交恐惧等一系列问题。

为了孩子的健康成长，母亲应该为父亲介入母婴关系留下间隙。特别是孩子出现情绪问题后，母亲更有必要刻意后退一步，给父亲的上前一步创造空间和条件。作为男性的父亲往往更有力量。父亲的加入，对孩子的康复和社会化肯定是更有利的。

如果父母互相鼓励，互相支持，再一起给孩子提供鼓励和支持，孩子离康复就不远了。

## 区分家长和孩子的焦虑

抑郁休学的孩子喜欢玩手机，作息黑白颠倒，喜欢网上购物，喜欢点重口味的外卖，喜欢看血腥恐怖的影视作品，严重的还会出现暴食催吐和自残行为，甚至出现自杀的想法和行为。在邹峰看来，这些行为表现都是孩子的严重焦虑导致的，也是他们缓解焦虑的一种手段。

家长看见孩子的这些行为自然会焦虑担心，但是也要学会把孩子的焦虑和自己的焦虑区分开来。

### 案例 1

一个人觉得冷，但是没有好的取暖方式，只好在垃圾堆里找了一件脏兮兮的破大衣穿上。他的家人看见了可能会说："你怎么可以穿这种脏衣服！"然后把他的破大衣剥下来扔了。结果他还是觉得冷，会继续去垃圾堆里把大衣捡回来穿上。

冷是孩子的焦虑，看见家人穿破大衣难受是家长的焦虑。

正确的处理方式是知道这个人是因为冷才穿破大衣，并把他带到一个温暖的地方，他自然会把又脏又破的大衣脱下来扔了。

### 案例 2

一个孩子被蚊子咬了，拼命抓痒，甚至把皮都抓破了。家长看见孩子抓痒把皮抓破了很心疼，就把孩子的手绑起来，或者给他戴上手套，不让他抓痒。结果这个孩子更难受了，哇哇大哭。

痒是孩子的焦虑，看见孩子抓破皮而难受是家长的焦虑。

　　正确的处理方式是给孩子的房间驱蚊，防止继续被蚊子叮咬，或者在孩子被叮咬的地方抹上止痒的花露水，孩子不痒了自然就不会自己抓自己。

　　家长要做的是帮助孩子缓解焦虑，而不是通过剥夺孩子缓解焦虑的手段来缓解自己的焦虑。

## 无条件积极关注

　　对孩子无条件积极关注是陪伴孩子的首要准则。

　　无条件积极关注的概念取自心理咨询，后来被引入到了家庭教育中。美国心理学家罗杰斯认为，无条件积极关注是心理治疗的前提，主要表现为心理咨询师以积极的态度看待来访者。在家庭中，无条件积极关注意味着无论孩子的情感和行为怎么样，家长都对孩子表示无条件的温暖和接纳，尽量不做任何标签化评价，使孩子觉得他是一个有价值的人。

　　多数人都是在有条件积极关注的环境中长大的。小时候，我们的父母或监护人给我们爱和支持，但这些都不是无条件的。大多数父母只是在孩子们满足了他们期望的时候才会爱孩子，当父母对孩子的行为感到不满意的时候，他们就会收回自己的爱。孩子逐渐懂得，只有做了父母想让他们做的事情，才能得到父母的爱。孩子们需要的积极关注是以他们自己的行为为条件的。这种有条件积极关注的结果就是，孩子们学会了抛弃他们自己真实的感受和愿望，只接受被父母赞许的那部分自我。他们拒绝面对自己的弱点和错误，不敢面对不完美的自己。

　　在家庭陪伴中，家长应该对孩子进行无条件的接纳，用一句话概括就是:"我就在这里,你可以告诉我一切,而我也依然爱你。"

## 学会倾听

倾听是陪伴的重要组成部分,当孩子的情绪需要宣泄时,高质量的倾听足以抚慰孩子的心灵,让孩子拥有安全感。但是家长往往会陷入"说教""空虚鼓舞"的误区,看见孩子遇到一些状况就急于帮助孩子,想马上"教化"一番。有时家长还没有准备好要倾听孩子的情绪,看到孩子叹气、哭泣就希望他赶快振作起来。学会倾听孩子是陪伴孩子的第一步,具体的做法可以参照以下四条建议。

### ＊保持好奇心

示例:"发生什么事了吗""当时你是怎么做的呢""现在你感觉怎么样呢"。

说明:先不急着评断对错,听听发生了什么事。

### ＊重复

示例:"你说朋友对你发脾气了是吗""你自己也不知道为什么这么难受是吗"。

说明:当不知道要如何回应时,可以重述一次,表明自己在倾听,也能接住孩子的话。

### ＊情绪同步

示例:"这的确有点儿令人心烦""这让你很痛苦"。

说明:面对孩子的表达,试着猜猜孩子现在想表达的情绪是什么,并做出反馈。

**＊开放式询问**

示例："有没有可能是……""朋友会不会是……这样想呢"。

说明：当对方的情绪被照顾、被听见时，再给出问题的解决
方法或提出其他观点，对方会比较容易接受，开放式
询问进可攻、退可守。

倾听孩子也是开始理解孩子的过程。从自己的角度去理解某
种情况是我们常遇到的倾听障碍，也经常会让孩子产生反弹，做
出防御性的反应。而如果家长放慢节奏，让内在的共情天赋发挥
作用，就能真正理解孩子想表达的意思。

学会倾听要求家长不再以自我为中心，而是全心地投入到孩
子的经历中，摒弃偏见，集中注意力，关注孩子的话语以及讲话
时的手势、身体姿势甚至面部表情。

## 给予信任

可能孩子从小到大都表现出的是温和、温顺的一面，而阴暗
面、玩乐的欲望和攻击性从来没有充分释放过。孩子抑郁后，家
长一方面会产生巨大的心理落差，觉得"我家孩子一直都不用我
操心，成绩名列前茅，不知道为什么就这么痛苦和颓废了"；另
一方面，家长不知道"充分释放"是什么状态，是否可控，所以
就会在孩子表现出这一面时非常警惕。在家长的感受层面，那会
是一发不可收拾的状态，所以对孩子的一举一动都过分担忧，或
是对孩子的未来感到灰心丧气。

这一切的想法最终都会悄无声息地影响到孩子，给孩子传递
出"爸爸妈妈对我很失望，不信任我，帮助不了我"的信息。孩

子也会对自己越来越没有信心，造成病情的恶化，担忧最后变成了一种诅咒。

美国著名心理学家罗森塔尔曾经做过这样一个实验：他去到一所普通小学，在每个年级中随机选出3个班，假装做了一次"预测未来发展"的测试，最后将"最有发展前途的学生名单"告知了他们的老师。实际上，这个名单并不是根据测验结果确定的，而是随机抽取的，名单上的孩子与班上其他学生并没有显著不同。8个月后，他经过再次测试发现，名单上的学生成绩都有了明显进步，而且性格更加开朗，求知欲更强，与老师关系也特别融洽。为什么会出现这一结果呢？

原因在于实验者以"权威性的谎言"暗示教师，从而调动了教师对名单上的学生的某种期待心理。教师会将这种期待通过态度、表情和行为传递给学生，使他们受到鼓舞，增加自信心。在日常教育当中，教师总会情不自禁地给予这些孩子以某种"偏爱"，使得他们能够在更加积极的环境下健康成长，最终把期望变为现实。

人们把这种因暗含期待而使得期望发生的现象叫作"期望效应"，也称"罗森塔尔效应"，即对一个人传递积极的期望，就会使他进步更快、发展更好；相反，如果长期传递消极的期望，就会阻碍他的进步和发展。

父母是孩子最信任和依赖的人，也是最容易施加心理暗示的人。在陪伴孩子的过程中，父母要相信孩子，多发现孩子身上的闪光点，多给孩子一些积极暗示，相信"相信的力量"。

当你的孩子与你讨论他的困难时，请耐心倾听，并告诉他，心理问题并不会使你对他的爱有所减少。当孩子正在经历痛苦时，诸如"一切都会好的""你能挺过去"之类的话其实并不会对他们有多大帮助。尝试着问一些诸如"你需要我怎样帮助你"这样的问题，帮助你的孩子确认自己并不是一个人在经历痛苦，让孩子知道家长是支持他的后盾。

作为抑郁症孩子的家人，仅仅提供心理或言语上的支持是不够的，更重要的是行动上的支持。抑郁症孩子缺乏行动力和意志力，家属的陪同和参与可以起到推动和督导的作用。让孩子行动起来才能获得有效改善。

## 打破亲子沟通困局

不知道从什么时候开始，孩子不再愿意和你进行主动的交谈，也不再提起学校的趣事，不再讲述同学的故事，不再诉说自己的心事。当你关心他时，他只是转过头轻描淡写地说一句"没发生什么，没做什么"，不愿再多透露一个字。

又或者，孩子很想要和你交流，展示自己的偶像，分享自己的爱好，但他说的话语让你摸不着头脑，你只能一边附和讨好，一边尴尬地笑。你感觉自己离孩子的世界越来越远，感觉自己不了解孩子，感觉和孩子无话可说了。

家长与孩子之间的良好沟通有助于亲子互动模式的形成和建立，对青少年的心理发展有着重大的意义。青春期的主要发展任务是探索自我同一性，青少年与父母的关系由童年时期的遵从和依赖转变为分离和依恋，也就是说，在青春期，青少年一方面要寻求个体的独立，另一方面又需要父母的理解和支持。研究发现，在亲子沟通中得到父母支持的青少年能够更好地探索自我同一性，而与父母沟通不良的青少年更容易出现各种情绪和行为问题。

沟通和交流是维持良好亲子关系的前提，在与孩子沟通时，有哪些家长需要注意的问题呢？

## 与孩子沟通谈心的前提

在渡过梁辉老师看来，每个孩子都有沟通的愿望，都需要被看见和被理解。良好沟通的前提是，大家能站在相同的平台上对话，有共同角度和共同感受。如果没有在这两点上达成共识，沟通就是无效的，是不被欢迎的。

### 了解沟通往往无效的原因

家长跟孩子沟通的时候，潜意识里常常有自我的角度和目的。例如，当孩子表达不想上学时，家长的确想去理解孩子，但潜意识里却在找一切有利于孩子上学的信息，希望在跟孩子互动的过程中打消他不愿意上学的念头，最终引导孩子"接纳去上学"，然而沟通一开始就遭到了孩子的强烈排斥。

孩子希望家长没有任何功利心地倾听他感受到的痛苦，而家长希望孩子能理解父母对他的要求和指导，体会"为了他好"的辛苦。试想，这样的聊天，出发点和角度都不一样，怎么愉快地进行？更不要说想让孩子感受到获得同盟军增援的力量。

家长只有跟孩子站在相同的角度，才能看到并懂得孩子的全部感受，理解孩子当下的做法。孩子得到完全的理解，才能考虑如何调整自己的想法和行为，父母才有机会与孩子一起多角度思考问题，悄无声息地带动孩子走出困境。

放下焦虑，建立同盟

因为孩子不跟自己沟通而烦恼，本身就是在向孩子证明自己的幼稚和无能。幼儿时期，孩子最怕父母说"我生气了，再也不理你了"，而现在父母那么怕孩子不理自己，这么脆弱，又怎么传递力量呢？

曾经，当父母觉得自己的经验可以应付孩子出现的状况时，自然而然就用"经验型"的心态去对待孩子。而现在，孩子的学识、思想、主张能力等不断成长，家长发现自己的经验已经无力应对，便一下子从"经验型"变成了"手足无措型"。

这种心态的转变很正常，父母是第一次做家长，孩子成长中所有的状况，他们也都是第一次遇到。因此，父母和孩子要学会"惺惺相惜"。父母要知道，当自己觉得教育力不从心，不知道该怎么办，焦虑、无助、痛苦时，这也是孩子目前的感受。父母有多少苦难感，孩子就承受过多少这样的苦难。

感同身受，自然会"惺惺相惜"。家长首先要放下焦虑，再开始行动。如果孩子暂时不接纳跟父母聊天，家长就要换位思考，站在孩子的角度上，想一想当自己这么大出现相同的事情时，希望父母怎么对待自己；想象如果自己是一个青春期的孩子，希望拥有怎样的成长环境，获得哪些信任，希望父母具备哪些力量。然后给自己信心和安心，沉静反思，调整自己。间接为孩子做能做的点滴小事，例如，改变夫妻之间的交流方式、不吵架、关心父母、传递家的温暖等。

有时孩子会观察你怎么对待别人，来判断你会怎么对待他。默默做好生活中的关怀，一切会在平静中慢慢变化。

### 共同角度，共同感受

我们用"盲人摸象"来比喻人与人常见的沟通不畅的原因。每个人摸着"大象"不同的部位，顽固地坚持自认为正确的说法。每个人都觉得自己看到了真相而对方很荒谬，都觉得自己不被理解。父母和孩子无法交流，原因也往往如此。

面对沟通不畅的问题，梁辉老师认为，父母应该先站到孩子的一边。当孩子摸到"大象尾巴"，说"大象"是细的时，父母应该做的是听他描述大象为什么是细的，并跟他站在同一个角度，去摸摸"大象尾巴"，体会孩子的描述和感受，认同在他所在的角度形成的结论。然后跟孩子探讨"换个角度看看会不会有别的发现"，带动孩子从更多的角度看"大象"，孩子才不会反感、抵触甚至强烈抗拒。

这里的"带动"是陪伴，不是讲道理。是跟他站在一起，牵着他的手，陪伴他慢慢发现。这个过程不能太着急，当家长和孩子愉快地走完全程，孩子才会懂所有的真相。他能够学会自己去看、自己去思考，而不是听家长说，这正是家长想要的结果。如果急功近利地去改变孩子，孩子就会把精力放在与不理解自己的父母对抗上，并且在对抗的过程中感到孤独无助、委屈遗憾、自我否定。

当你不动声色地教会了孩子从多角度看问题并得出不同结论，他就会自己去选择他需要的角度和结论。

### 选择信任

只要做对了事，就不要怕慢，慢就是快。很多时候，信任胜过一切道理，哪怕你觉得这种信任不靠谱。

　　你可以想想当下的情况，即使不信任孩子，你还能做什么有利的事吗？如果不能，就选择信任孩子。

　　梁辉老师分享了一个故事。有个高三男孩很叛逆，他的父母感到非常焦虑。高三下半年，父母越让他学习，他就越不学，整天玩手机，成绩每况愈下。梁老师对男孩父母说："既然你们改变不了，不如选择信任。"父母说："怎么信任，就他这样能考上大学吗？"梁老师回答："不信任又能改变什么呢？你整天唠叨，孩子也不能考上大学。既然都考不上，不如用信任让孩子的内心平静。"

　　父母虽然觉得信任孩子不靠谱，但又没有别的方法，所以决定试试。梁老师建议父母用"心中有数"这个词问孩子，无论孩子有没有数，只要说有，父母就表示自己是坚定相信孩子的。

　　于是他们某天问孩子"看你天天玩，对高考有数没数啊"，孩子回答"有数"，父母立刻如释重负地说"哦，真好，你有数爸妈就放心了"。然后他们再也不唠叨了，适当问孩子的需求，做好配合。后来孩子顺利考上了大学。

　　做内心有力量的父母

　　孩子不理父母是因为他也在等待父母的变化和内心的平和，他需要父母不那么焦虑、脆弱，不那么不堪一击，这样才敢去表达困惑。

　　他们是孩子，父母是大人，要让孩子感受到，无论他怎么样，父母都有办法用自己的力量带动他，而不是做一个时刻拿着"手术刀"、想对孩子做各种手术实验的"庸医"。

　　过分关注孩子、怕这怕那、想象各种孩子可能会吃亏或无法承受现实的情况，实际上是家长自己缺乏安全感的表现。而家长强大的表现是遇小事不慌，遇大事不乱，这对孩子来说，是最积极的传递和影响！

青春期的孩子需要爱和力量，做内心有力量的父母很重要。在人生的战场上，不要帮孩子去"打仗"，而是要让孩子感受到，他永远有充足的"后方补给"，永远不会"弹尽粮绝"。这才是最强大的父母。

## 对孩子提意见

在倾听、理解孩子的同时，许多家长也面对如何对孩子提意见的困难。孩子抑郁后大多出现厌学、沉迷游戏、不愿运动等状况，家长一方面觉得这些行为不利于孩子的恢复和未来发展，另一方面也担心自己说重了话伤害到孩子。每当家长小心翼翼地对孩子提出建议时，孩子往往会直接拒绝；或者当家长压制心中的焦虑想要跟孩子好好谈谈时，孩子可能会冲家长火力全开，最后闹得不欢而散。

其实，批评是一种艺术，说坏话也需要技巧。如何说孩子的坏话不会让孩子讨厌，甚至还能更好地解决问题？渡过咨询师、父母学堂主编黄鑫从亲子冲突的发生开始，阐述了提出建议的正确做法。

### 明确吵架从何开始

很多时候，家长会发现吵架往往是从一句话开始的，那句话就是吵架的导火线。你在批评孩子的时候会说以下的话吗？如果会，你的说话方式就已经伤害了孩子，让孩子听不进去你说的是什么。

### 1. 反问质疑

在与孩子的交流中，通常会出现这样的反问场景。当家长提出要求或者建议时，孩子可能会用各种理由来拒绝，家长的下一句话通常就是反问。

"你怎么一点儿都不运动呢？"

"怎么会呢？"

"这有什么好怕的呢？"

这样的语句其实蕴含着挑衅和强迫的意味，反映了家长的两个思维：这件事很简单；这么简单你都完不成？孩子能够敏锐地感觉到家长的强迫要求，感觉到自己的想法并没有被理解，于是心烦意乱，使之后的聊天充满火药味。

### 2. 贴标签

家长说孩子"坏话"的时候往往会夸张地描述事实，试图让孩子认识到事情的严重性，或是直接对孩子的行为下定义、贴标签。

"你整天都不出门。"

"你就是个宅男（宅女）。"

这种说话方式的特点是绝对化，让孩子一点儿反驳的余地都没有，一句话仿佛一个印章，一戳下去就让孩子再难翻身。而且这种说话方式并非客观的，经常用到"整天""一直""从来都""一点儿也不"等绝对化的修饰词。听到这样的用词，孩子心里往往会很不服气，觉得家长的描述太过绝对。有些孩子会选择反驳"谁说我整天……我刚刚还……"，而面对这样的反驳，家长只感觉孩子是在抬杠，是在挑战家长的权威，于是冲突升级，双方不欢而散；还有些孩子会在被贴标签之后选择沉默不语，以回避的方式应对。

"我求求你了，能不能让我安静一会儿。"
"一直说一直说，你还有完没完哪！"
"好好好，我以后注意行了吧。"

### 3. 翻旧账

家长想要说服孩子的时候，往往会引经据典以增强说服力，但有时候也会跑偏，翻起孩子的旧账，试图用"以前你这么……所以导致了这样……难道你还没有吸取教训吗"的话让孩子幡然醒悟。但事实上，这么做会使孩子翻白眼的次数大大增加。

翻旧账的方式会让孩子感觉到家长对自己有很多的负面印象，并且一直念念不忘。此外，翻旧账会引发一种被"揭短"的不良体验，孩子只感觉到恼怒和反感，根本没办法心平气和地接受家长的建议。

说坏话的技巧

### 1. 多用模糊限制词

将"一直""一定""一点儿也不"等绝对化的词语换为模糊限制词，如"有点儿""左右""最多""最少""大概""可能"等。这样的词语对话语的真实程度和范围进行了限定，被称为"缓和型模糊限制词"。缓和型模糊限制词不改变家长的原意，但相当于增加了一个缓冲带，使原来话语的肯定语气趋向缓和。此外，"我认为""我想""我怕""据说""听说"这样的限制词也可以缓和主观评价的语气。

有些言语行为是威胁孩子面子的，为了维护亲子关系，家长要给孩子留有面子，使谈话顺利进行，使用礼貌语言。当家长的言语会使孩子反感时，尽量使用一些模糊限制词来削弱批评的语气，降低观点和评价的主观性，缓和紧张气氛。

"我感觉你最近经常待在房间里。"

"我担心这样的作息可能会影响你的身体。"

### 2. 先赞成再反对

面对孩子的反驳，家长就算不同意，也要避免使用反问句来接话。针对孩子提出的观点和意见，如果家长想要表达对其中某些内容的不赞成，建议先利用像"虽然……但是……""可是""只是"等表转折的复句来认同孩子的观点，随后继续提出反对意见，以让步的方式得到孩子的认同。

"我觉得你说的……有一定道理，但是……，你觉得呢？"

### 3. 避免情绪发泄

家长在批评孩子时往往是"积怨已久"，看到孩子的行为实在是忍不住了才会说，但这样就要警惕话语中的情绪发泄。避免情绪发泄的最好方法就是陈述事实，因为事实是客观的，不含有情绪化信息。

印度哲学家克里希那穆提（Krishnamurti）曾经说："不带评论的观察是人类智力的最高形式。"家长在和孩子交谈时，要注意不要将自己的情绪发泄到孩子身上，不要对孩子的行为表现"添油加醋"，渲染一种批判的情绪氛围，尽量客观地描述现实情况。如果你对孩子的反驳和"狡辩"感到气愤，那更要注意，气愤就意味着之后的聊天将进入无意义的争论与情绪发泄，导致最后不欢而散的结局。家长需要在感到气愤时先停一停，给自己两秒钟时间，不让反驳和批判的话语脱口而出。

### 4. 是请求而不是命令

命令的方式天然地让人反感，有种居高临下的俯视感。一旦孩子认为不答应我们的要求就会受到责罚，他们就会把我们的请求看作命令。面对命令，人只能看到两种选择：服从或反抗。并且如果孩子感觉到你是在命令他，那他就会选择以激烈的方式来反抗。

那么，我们该如何区分命令和请求？在请求没有得到满足时，提出请求的人如果批评和指责对方，那这句话就是命令；想利用对方的内疚来达到目的，也是命令。以请求的口吻对孩子提出建议，往往能够收获意想不到的结果。

### 5. 听懂孩子的"狡辩"

《非暴力沟通》（Nonviolent Communication）中提到过一句话：所有的情绪背后都是未被满足的需求。如果家长在沟通过程中发现孩子有情绪，不妨停下来，以开放包容的姿态聆听孩子的需求。

当孩子狡辩说"不"的时候，家长常常会认为他是在拒绝自己，有时甚至会觉得自己的好心不被理解。然而，如果家长能够体会孩子的感受和需要，听听他的"狡辩"，也许就会发现究竟是什么使孩子无法答应自己的请求。

从家长的角度出发，说孩子的"坏话"也是为了孩子着想。既然如此，就不能因为说话的技巧和方法不对，而让家长的一片苦心被孩子误解。希望每位家长都能够以正确的方式爱孩子、帮助孩子，构建融洽的亲子关系。


## 在患病事实中前行

### 支持孩子走出心理困境

当孩子陷入心理困境时，每一个父母都想竭尽所能地支持孩子渡过难关，然而遗憾的是，结果往往会让父母和孩子双双失望。当父母竭尽所能地想要改变孩子时，亲子关系往往会持续恶化，父母的行为反而成为孩子持续陷入心理痛苦的新的刺激源。

当父母尽可能地远离孩子，任由困境中的孩子踏上所谓的"靠自己掌控自己的生活"这条道路时，虽然亲子关系会出现表面上的和谐，但其代价却是孩子在面对现实挑战时自控力、注意力、创造力、领悟力等各方面能力的迅速下滑。在下滑的过程中，孩子同样会面对更大的心理挑战。

这些都不是父母想看到的，也不是困境中的孩子真正需要的。在困境中，孩子最容易获得支持的社会对象就是父母。如果孩子身上真实发生的事情没有被父母理解、没有被父母看到，真正的需要没有得到父母有效的支持，就很容易陷入新的无力、无助甚至绝望之中。当然，很多父母其实也体会着一样的无力与无助。

为了帮助这些父母，渡过心理咨询师、《反内耗》作者于德志将支持孩子的路径做了一个简单的呈现。

理解孩子身上发生的事情

父母首先需要理解陷入心理困境的孩子面临的三种痛苦：

### 1. 不被理解、不被看见的痛苦

当父母认为孩子的痛苦源于"不努力""懒"或源于责任感不足、规则意识弱时，一定会努力地想"改变"孩子。这种改变的结果是清晰可见的：孩子更加痛苦，亲子关系更加恶劣，父母从孩子希望的支持性力量变成了真实的伤害性力量。

一旦父母意识到这一点，就要放下一切想要"改变"孩子的欲望，并了解孩子身上究竟发生了什么。在实践中，很多父母会惊奇地发现，当孩子真的被倾听、被看见时，他们反而自己放下了痛苦，开始重新整装前行。

### 2. 看不到希望的痛苦

孩子陷入困境时，通常会先向父母和所能寻找到的支持性力量求助。但遗憾的是，出于无意的疏忽或内在的无力，家长没能真的帮到孩子。求助无门之下，孩子开始踏上依靠本能挣扎的道路。

这种本能是离苦得乐的反应模式。这一模式虽然能提供短时积极的反馈，却会在更长的周期上持续伤害孩子。即便意识到这一点，困境中的孩子也无力改变，因为改变模式只有一条路径：用全新的行动重建新的模式。

所以，当孩子得不到支持而反复地依靠本能去挣扎时，他们会遭遇更多的挫折，习得性无助感开始涌现，并逐步控制了孩子的生活。这让他们时时处于痛苦之中，感觉不到康复的希望。

父母往往能关注到孩子表现出的不适应的行动，却不知道这些行动是孩子努力想要摆脱困境的尝试。实际上，大多数孩子虽然深陷习得性无助，却不曾泯灭走出困境的希望。即使在最痛苦、最绝望的状态下，他们依然对生活充满了期待。如果意识到这一点，父母就要迅速停止伤害孩子的行为。

### 3. 自我战斗的痛苦

当孩子陷入心理困境的时候，无论他自己还是父母，都有一种本能的认识，"之所以变成这样，是因为不够努力或者自控力不够。要想走出困境，必须进一步控制自己"。

但遗憾的是，心理世界的运作规律和现实世界是截然不同的。在心理世界里，这种高度的自我控制所代表的是艰苦的自我战斗——在大多数时候，它会加深困境而非解决困境。实际上，如果父母愿意观察，会发现孩子在表现出明显的心理问题前，已经自我战斗了很长时间。当耗竭了所有的身心资源后，他们会迅速陷入巨大的困境。所以，要想支持孩子走出困境，就需要给他们提供新的、非自我战斗式的行动方案。

在理解孩子痛苦的基础上，父母要想成为孩子康复中支持性的力量，还需要完成一个转变，那就是理解并倾听自己的痛苦。

理解并倾听自己是支持孩子的前提

生活中，家长最感兴趣的是如何用一些技巧或招数来解决孩子的问题，比如，如何让孩子的情绪很快平静下来，如何提高孩子的学习能力等。

但家长往往搞错了顺序，他们通常只关心如何行动，而缺乏兴趣去了解孩子身上发生的事情，也懒得去了解心理世界的运作规律。我们很容易发现一个事实：当家长们在第一时间跟孩子互动时，结果往往不是有效地支持了孩子，而是对孩子造成了更大的伤害。

为什么这样？原因很简单：当孩子陷入困境时，家长很容易产生无力、自责、内疚、悲伤等感受，如果不能恰当地处理这种感受，就会丧失支持孩子的能力。当家长感到痛苦时，家长与孩子的互动会变成伤害，而不能提供有效支持。

这意味着，要想了解孩子的痛苦并支持孩子走出痛苦，父母必须有能力先了解自己的痛苦。父母需要学习有效地倾听自己和接纳自己，这意味着如实觉察的行动。那么，该如何倾听和接纳自己，进而有能力及时修复内在的平静呢？从父母的角度来说，可以着力于以下三个领域。

（1）倾听自己身体的体验。借助自己的感知能力和感受系统，如视觉、听觉、触觉、味觉、嗅觉等，感受身体的反应和变化。

（2）倾听大脑里自动化的声音。每时每刻，我们都要觉察大脑向我们传递的信息或者指令。如果觉察不到，我们的行动就会被这些自动化的语音给控制住。

（3）倾听自己自动化的无意识反应模式。倾听不是语言的游戏，而是一种全新的行动，养成这种全新的行动模式只有一种途径，就是在自己的生活里面仔细地去观察，并且反复实践。

理解并倾听自己是支持孩子的前提。如果家长的内在无法走向平静，那他们带给孩子的绝对不会是支持。在理解了支持孩子必须以自我倾听为基础之后，我们将一起了解带孩子走出心理困境的具体路径。

支持孩子走出痛苦

要想支持孩子走出痛苦，我们首先得知道痛苦是什么。在心理训练中，这需要练习者自己体验，简单来说，心理痛苦是身心一体的过程，它包含着两种截然不同的体验。一是真实的身体体验，指身体感受的变化，比如心跳加速、浑身出汗、面红耳赤等。二是无法停止的思维活动，比如"我为什么这么倒霉""为什么世界对我这么不公平""我究竟做错了什么，要承受这一切"等，在这样的思维活动中，我们的痛苦会不断持续并扩大。

这就是心理痛苦的实质：身心一体、互相激化的心理过程。知道了痛苦的实质后，我们还需要继续了解这两者的规律，这样才有办法更好地处理它们所诱发的痛苦。

先来看身体体验。孩子不愉快的体验尤其会让家长感到难受，因为这会唤醒家长很多自动化的思维，而大部分的父母不知道该如何处理自己的感受，所以开始要求孩子去学习控制自己的体验。

孩子小时候安全感的核心来源于父母。为了寻求安全感、避免被父母指责，孩子会努力藏起自己真实的感受，甚至会伪装出笑脸。当孩子迎合父母、压制自己感受的时候，实际上是在伤害自己。对身体体验的控制建立在自动化的思维语言之上，所有的心理痛苦实际上都离不开一件事情，那就是注意力由现实世界转入思维世界。

思维最大的特点是它看待同一件事情永远可以有不同的角度。这就意味着在思维世界里，我们找不到绝对的、让我们安心的所谓正确的答案。

一旦孩子陷入这种思维困境里，父母就会发现孩子的精力越来越匮乏了，力量感越来越弱了。人的本能是去思考、去努力、去为任何事情找到合适的解决方案，但有些思考过程会让我们丧失行动能力，让我们在困境中待得更久。

身体体验和思维活动的内在规律是一样的，它们是不可控制的，我们越想控制身体体验或思维活动，它们对我们生活的影响就会越来越大，我们也会越来越痛苦。

如果孩子想走出心理困境，恢复行动能力，就需要重建与身体体验之间的关系，重建与思维活动之间的关系。当孩子在父母的支持之下，有能力处理这种情绪、身体、思维挑战时，他们就迈出了找回自己生活至关重要的第一步。而第二步是补足相应的技能，比如语言表达的技能、社交技能、学习策略等能力。

## 帮助孩子面对现实

"自从孩子抑郁后，我感觉他整个人都颓废了。每天无精打采，不愿意运动，也不愿意出门，有时候连房间都不怎么出。"

"孩子休学在家，感觉他还挺想重新开始学习的，但总是坚持不了几天，然后就又去玩游戏玩手机，我们看到了也不好说什么。"

"孩子现在恢复得挺好的，愿意出去旅游，愿意和我们聊天了。只是一提到复学的事儿，他就不愿意多说什么了，他是不是在逃避现实啊？"

不管孩子的状态如何，家长和孩子都面临着一个很关键的问题：如何恢复社会功能。这里提到的社会功能指运动、社交、学习等一系列人生重大议题，生病的孩子往往会在这些方面表现出回避和退缩的行为状态。

那些逃避现实、沉迷网络的孩子们到底想要逃避什么呢？是什么阻碍了孩子恢复社会功能呢？在这里，渡过咨询师、父母学堂主编黄鑫分析了孩子逃避现实的原因。

逃避现实的原因

我们首先需要明白，"逃避"并不是一个完全的贬义词，虽然逃避会让人们待在舒适区不愿意突破自我，但也能够让人们远离危险，获得安全感。家长们既要看到孩子逃避社交、逃避学习所造成的困境，也要体会孩子通过逃避所获得的心理能量，这些心理能量就是帮助孩子走出困境的一个契机。

那么，孩子为什么会选择逃避？

**1. 遭遇挫折，保护自己**

在挫折理论中，逃避是指孩子遭受挫折后不敢面对现实、正视现实，而是放弃原来的任务目标，撤退到比较安全的地方的行为。逃避作为负面情绪反应的一种体现，是应激状态下自我保护的正常表现。但在现实生活中遇到挫折时，若是一味选择逃避，则可能引起习惯性退缩。塞利格曼（Seligman）认为，消极行为事件或结果本身并不一定会产生无助感，只有当这种事件或结果被个体知觉为自己难以控制或改变的时候，个体才会产生无助感。

**2. 理想与现实的强烈反差**

生病前的光辉经历与生病后的颓废生活形成强烈对比，很容易造成孩子的失落与挫折。不少孩子在状态稍有好转的时候就着急进行各种学习计划，制订了详细的学习计划和工作设想，但是真正实施起来才发现和自己预想中不太一样，自己好像变得更"差"了，这对孩子来说是一个巨大的打击。

另一种情况恰恰相反，孩子的状态有所好转，但是一直回避社交、学习等问题，好像想要永远在家这样生活。孩子内心可能已经意识到了自己与从前有所不同，如果重新开始，取得的结果可能比不上以前的自己。孩子在自我设想中已经否定了自己的能力，不愿意面对落后的自己，索性直接选择放弃社交与学习，这样自己的猜想就不会得到证实。

**3. 来自现实的压力**

如今激烈的社会竞争与沉重的就业压力对正常孩子来说已然是巨大的考验，而患病孩子的自身能量不足以应对这些考验。孩子展望未来，发现前路坎坷，可能就会产生畏惧心理。另外，社会对于抑郁症等精神类疾病患者的态度也比较谨慎，孩子复学或工作很容易受到特殊对待，甚至遭受偏见，这些也是来自现实的无形压力。

家庭也是一个重要的压力源。每一个家庭都对自己的孩子寄予厚望，虽然嘴上不说，但家长们还是希望孩子能够尽快复学，恢复到以前的状态，希望以前那个考第一的孩子能够重新出现。这样的压力被孩子觉察到之后，孩子可能会出现两种状态，一种是想要满足家长的期望，于是强行让自己重新开始；另一种是自己知道不可能达到家长的要求，索性选择逃避。无论出现哪一种状态，来自家庭的压力都会让孩子感受到挫折与矛盾。

孩子的心理状况非常复杂，在各种内外环境因素及社会、心理因素的刺激下，孩子有意无意地产生了心理逃避，其背后的心理动机是逃避对社会、家庭和自己的责任或义务。如果孩子对父母的依赖性过强，一旦独立面对社会，面对社会角色的客观要求和复杂的社会关系，就会产生逃避心理和抵触情绪。

帮助孩子面对现实的具体做法

### 1. 进行自我再评价

孩子应该正确地审视自己的状态，明白现在的自己与原来的差异，接受生病的自己，接受因为生病而大不如前的自己，接受自己暂时性的落后，不对自己有过高的要求。要想提高自我效能感，改变颓废的现状，就要正确地认识自我，避免自我认知过高或过低，出现以自我为中心或者过度自卑、自责的情况。

不仅孩子需要进行自我再评价，家长同样也需要重新对孩子进行评价，调整自己的心态，接受孩子目前的状态，并且不将孩子之前的辉煌时期和现在进行对比。在帮助孩子正确认识自我的过程中，家长要根据自家孩子不同的情况，采取不同的措施。对于一些过度自卑的孩子，可以采取多鼓励、多表扬的方式，为他提供更多展示自己的机会，让他在实际活动中感受到自身存在的价值。

### 2. 调整理想与现实的差距

完成自我再评价之后，孩子和家长能够对现状有一个良好的认知，并在此基础上调整理想与现实的差距。制订计划要符合现实状况，不急功近利，不拔苗助长，遵循客观规律。

孩子要调整自己的高要求、高标准，将标准降低一点点，给自己更多的时间。如果制定的标准过高，凡事都追求尽善尽美，达不到标准时便可能会产生一些心理问题和困扰。此外，遇到挫折时尽量不进行自我批评，自责感是阻碍前进的拦路虎。

家长应该帮助孩子树立一个切实可行的目标，引导孩子进行积极的自我评价，多鼓励孩子，少将孩子的现在与过去进行比较，无条件地接纳孩子，为孩子提供安全感。

在这个过程中，孩子可能会出现以下两种状态：

**第一种是糟糕的状态。** 孩子在不合理的归因、信念和行为中受到消极强化，具有过高或过低的自尊水平，设定过高的标准，对未来感到担忧，在经历失败后感受到极端的无助，并伴有过多的批评和自我批评。为了避免平庸或失败，他们在以后的生活和工作中会继续制定高标准，因为他们坚信失败就围绕在他们周围，所以对未来抱有消极的态度。

**第二种是良好的状态。** 孩子通过获得赞扬、实现个人成就受到积极强化，具有较高的自尊水平，设定现实的高标准，对未来的成功抱有积极乐观的态度，即使失败时也能够保持较高的安全感，并相信自己总有一天会成功。

希望所有孩子都能够找到自己最好的状态，勇敢地迈出第一步，面对现实，不断前进！

## 让孩子回归正常社交

面对现实社交与网络社交，孩子往往具有"两副面孔"，对现实社交表现出极度厌恶，不断寻找逃避机会，很少有表情与互动，心不在焉；而面对网络社交，孩子就不再拘束，语言与互动变多了，一旦开始就难以停止。

渡过父母学堂主编黄鑫道破了这样分裂的社交行为中蕴含

的玄机。孩子为什么有逃离现实社交、沉迷网络社交的强烈动机呢？事实上是因为孩子的正常社交被剥夺了。

"我的社交被剥夺了"

心理学中有一个概念叫"相对剥夺感"。当个体在社会交往中与他人进行社会比较并感受到自身处于不利地位时，就会体验到焦虑、愤怒、无力等负面情绪，个体往往会选择逃离这样的社会比较场景，以缓解这样的情绪。相对剥夺感的核心过程是社会比较，而社会比较是一件很普遍的事。

身患抑郁症的孩子在社会中处于相对弱势的地位，在社会比较的过程中容易感受到落差，从而产生"我怎么这么糟糕""我比不上别人，我好差劲""大家都能成功，为什么我总是失败"这样的负性思维。趋利避害是人的本能，孩子不愿意总是待在别人的阴影之下，所以会主动避免接触到这些场景。

相对剥夺感容易降低孩子的自尊心，低自尊状态下的孩子难以客观、全面地评价自我，在社交活动中不能正确地看待自己，所以难以与他人进行平等、有效的沟通，进而回避正常的社交活动，甚至恐惧社交。长此以往，这种消极、负面情绪的累积容易损害孩子的人际关系，很可能会导致社交回避。

谁剥夺了孩子社交的念头

### 1. 父母的社会比较

你曾经对孩子说出过以下的话吗？

*"大家都是这么过来的，怎么你就不能？"
*"别人比你困难得多。"

* "你太自私了，看看别人。"
* "这么大的人怎么就吃不得一点儿苦？"
* "我们对你没有要求。"
* "你想怎么样就怎么样吧。"
* "就这样吧，我对你也没什么期望。"

你会带孩子参加这样的社交活动吗？

* 在亲戚朋友间的聚会上比较各自孩子的发展。
* 带着孩子参加他不愿意参加的商业应酬。
* 孩子同龄人较少的旅游聚会。

如果以上问题你都回答"有"，那很不幸，你所说的这些话正在剥夺孩子社交的念头，孩子很容易产生"既然比不上，那我就不比了"的念头。并且，既然参加这些聚会总是充满挫折，那孩子为什么还要去自讨苦吃呢？

### 2. 社交中受到的挫折

孩子曾经可能在社会交往中受到过以下的挫折。

（1）拒绝

* 别人不愿意和我共事或待在一起。
* 别人会有意无意在空间上拉开与我的距离。
* 对于我的要求，别人总心存抵触。
* 即便我已经努力改善关系，也总得不到积极的回应。
* 别人会回避与我的眼神接触。
* 我即便提出很小、很方便的请求，也常遭到推脱。
* 我的主动攀谈难以得到热情的回应。

\* 我常常无缘无故接收到非善意的眼神。

\* 有人公开表示跟我合不来或不喜欢我。

（2）忽视

\* 聊天时，不论我说什么，别人都不怎么接话。

\* 即便彼此认识，也很少有人主动同我打招呼。

\* 别人说话和做事时从不顾及我的感受和处境。

\* 我和别人的约定时常遭到拖延或遗忘。

\* 我的发言或提议总被漫不经心地对待。

\* 别人常常对我的来电或留言视而不见。

\* 别人对我的询问或请求感到不耐烦，态度敷衍。

\* 过生日或有开心的事时，几乎没人祝福我或一同庆祝。

（3）孤立

\* 我始终很难融入别的人际小圈子。

\* 日常生活的各种小事上，别人总与我处处为难。

\* 如果我退出某个团体或活动，没有人会挽留。

\* 当我可能出丑或出现差错时，别人只会等着看笑话。

\* 大家一起聊天时，我一加入进去就冷场。

\* 我失落时很少获得别人的劝解或安慰。

\* 大家相互调侃或打闹时会有意无意避开我。

\* 我在集体活动时很容易被排除在外。

\* 大家基本不会与我分享心情或经验。

（4）否定

* 大家对我的组织或领导很不配合。

* 我的观点或方案经常被鸡蛋里挑骨头。

* 我的付出和存在的价值总是被贬低。

* 别人经常对我做出质疑的评价，如"我就觉得他不是什么好人。"

* 别人会嘲笑我的短处，刺痛我。

* 我在竞选或评测时很少得到支持。

* 我的失误经常被起哄或遭受毫不客气的批评。

* 别人会在背后说我的坏话，影响其他人对我的看法。

* 别人总对我大呼小叫，不尊重我。

* 我经常成为被人恶意捉弄的对象。

这些挫折经历会让孩子产生社交回避倾向，无法融入群体或被群体排斥在外，从而产生痛苦体验。个体感受到的孤独感和不安全感更容易导致手机成瘾，因为现实生活中安全感较低的个体会将注意力转移到虚拟的网络中，倾向于利用网络寻求愉悦体验，来补偿现实生活中的社交缺失，在网络中寻求社会支持和同伴关系。

如何将社交念头还给孩子

### 1. 放下社会比较，还给孩子自由的社交空间

如果孩子现在已经开始回避现实社交，那么家长一定要注意言语中不要出现社会比较的思维。人处于社会之中，总是难免产生和他人比较的念头，家长可能对这样的比较习以为常，言语中暗含比较而不自知，孩子却能敏感地察觉到家长的比较心理。孩子从小到大接收到的社会比较已经烙印在脑海里，想要改变也

是一个漫长的过程。最好的做法是，家长在与孩子交流前先想一想，自己说出这样的话是出于自己与他人比较的自尊心，还是真的在从孩子的角度出发、尊重孩子的选择？

当孩子选择拒绝参与一项社交活动时，家长可以从三个问题进行思考。

第一，这项社交活动孩子以前会参与吗？

第二，以前参与这项活动时，孩子的状态是怎样的呢？

第三，孩子在这样的社交活动中能够自由发言并完全放松吗？

家长可以从这三个问题入手，找到孩子拒绝社交的内在原因，理解孩子的选择，给孩子自由的社交空间。

### 2. 以往的痛苦经历需要心理治疗来解决

如果孩子以往在社交中受到过巨大创伤，如校园欺凌等，则需要寻求专业的心理援助。通过心理治疗疏导孩子的情绪，疗愈孩子的创伤，让孩子能够整理心情，有勇气迈出现实社交的第一步。

### 3. 加入温暖的新团体，逐步融入社会

加入温暖的新团体，如社团组织、兴趣小组、团体辅导活动等，通过营造良好且温馨的人际环境和交流氛围，使孩子认识自己，建立自信，接纳他人，建立良好的信任关系，学习沟通和交往技巧。同时，孩子可以在游戏中放松自己，与同伴互相帮助和协作，从而产生归属感。孩子更加愿意倾诉和倾听，感受人际中的信任与愉悦，这有助于建立积极正面的人际关系。

## 扭转孩子的矛盾心态

患抑郁症的孩子经过长期的休整，情况有所好转，往往会开

始产生各种想法，但是又自我否定，不敢实施。想要复学，但是又担心复学之后的人际关系、学习状态；想要学习乐器，但是坚持几天就想要放弃；不想整天孤独度日，但是又恐惧面对面的社交。孩子总是产生新想法和新念头，但是对于这些想法和念头，孩子自己也是矛盾重重，不知道该怎么实施，既渴望开始，又害怕失败，于是向家长寻求帮助。

"妈，我想去上学，但是害怕和别人处不好关系。"

"妈，我想减肥，但是总是减不下去，好想放弃。"

作为家长，如何接住孩子的情绪，又如何回应孩子的顾虑呢？面对敢想不敢做的孩子，渡过父母学堂主编黄鑫分析了孩子的几种矛盾心态，提出了家长可以采取的应对方式。

孩子的几种矛盾心态

（1）双趋情况。孩子在两个好的选择之间纠结徘徊，例如在吃火锅与吃烤肉之间纠结，无论选择哪一个，结果都是好的，但是孩子可能会陷入后悔之中：如果我选的是另一个，结果会不会更好？

（2）双避情况。孩子在两个不好的可能性之间纠结，这是"两害相权取其轻"的局面，但孩子往往被困于"石头与硬地之间"或是"恶魔与深渊之间"。

（3）趋避情况。孩子只面对一个选择，但是这一个选择同时具有正面与负面的特质。当孩子被其正面特质吸引时，就会不由自主地考虑起负面特质，并因此感到焦虑。例如孩子想要复学，觉得在学校学习比在家里学习效率更高，复学后能恢复正常的生活秩序，但一旦着手准备复学，孩子就忧虑起复学后的人际关系、学习情况等，产生了放弃的念头。

（4）双重趋避。孩子面临两个选择，每个选择都有优势与劣势，无论选择哪一个，孩子都会后悔又自责。

孩子在和家长进行聊天的过程中，往往会表露出自己的矛盾心态。而家长都有一个共同点，就是很想要支持孩子做出更好的选择，鼓励孩子向前进，帮助孩子不再纠结。抱着这样的想法，家长往往会对孩子说出这样的话，如"咱们试试吧，万一结果和你想的不一样呢""你就是想得太多了，先行动起来吧""别老往坏处想，结果总比你想象的好"。但这样的语句并不能打消孩子的顾虑，因为孩子担心的问题还是没有解决，只是被掩盖了。

如果你想要说服孩子进行选择，那么拥有矛盾心态的孩子就会自然地站在你的对立面和你进行辩论。这是矛盾心态带来的自然结果，因为矛盾心态就代表孩子的内在存在两种动机，就像天使与魔鬼一样。

如果家长想要扮演积极向上的天使，那么孩子就会自然而然地扮演魔鬼来和你"抬杠"。而改变矛盾心态的方法就是让孩子自己扮演"天使"，自己说服自己去做出好的改变。家长要做的是扮演"上天"，客观地引导孩子，看见孩子的积极改变并及时反馈。

"但是"的陷阱

"如果我有一个大学文凭，我就可以找到更好的工作，但是我已经离开学校很长时间了，我不认为我能跟上学业。"

"我知道晚睡对我不好，但是我就是睡不着，你说怎么办?"

"我想要出去玩,但是路上的人太多了,我觉得很害怕。"

以上的每个句子都表达了孩子的一个渴望或信念,且中间都出现了一个转折"但是"——这表明孩子的心声是"我不相信我能做到"。除非孩子对某件事有信心,认为改变是可能发生的、困难是可以克服的,否则他始终不会采取行动,最后陷入纠结与矛盾的泥潭,难以自拔。

上述的几种矛盾心态其实与人们的动机相关联。一般来说,当人们面对一个想法时,会自动进行重要性与信心的划分(见图6-1)。

| 重要性和信心 | | | |
|---|---|---|---|
| | | **重要性** | |
| | | 高 | 低 |
| 信心 | 高 | 1 | 2 |
| | 低 | 3 | 4 |

图 6-1　动机式访谈法

(1)认为改变是重要的,并且很有信心。

(2)认为改变是可能的,自己能够做到,但是不认为改变很重要。

(3)认为改变很重要,但是自己目前没有能力实现。

(4)认为改变既不重要也无法完成。

除了第一种情况外,其余三种情况都会导致孩子逃避问题或陷入矛盾与冲突之中,影响孩子的行动力。那么,作为家长,可以从哪些方面入手，帮助孩子明白"改变很重要，你有能力做到"呢？

扭转矛盾心态的具体做法

### 1. 强调重要性

提高一件事在孩子心中的重要性，能够提升孩子完成这件事的紧迫感与行动力。但很多家长往往会采取夸大事实、"危言耸听"的方式，如"你不去读书还能干什么""你能逃避一辈子吗？总不能永远不和别人接触吧"。

这样的方式能很快地强调事件的重要性，让孩子感受到危机感，在某种程度上具有一定效果。但很明显，这种方式的副作用也很强，孩子会有被威胁、被强迫的感觉，可能会引起孩子的不满和叛逆思想，孩子反而会与家长对着干，或是陷入生存焦虑之中，情绪不稳定。

其实强调某件事的重要性不一定要单刀直入，而是可以采用迂回战术。人们总是认为自己喜欢的事更重要，将某件事与自己喜欢或重视的事联系起来，这件事的重要性便会提升。

例如你喜欢打游戏，想要当职业电竞选手，但是不喜欢外出运动，因为运动太累了。而其实很多专业的电竞俱乐部都会为选手制订体育健身计划，因为强健的体魄能够支持选手进行高强度的训练，还能够提升身体反应速度，提高游戏水平。所以运动对打游戏是有帮助的，如果你重视打游戏，那么运动也是一件重要的事。

还有一个很经典的例子：孩子不喜欢出门，但孩子养的狗狗需要出门，所以他每天都会去遛狗。原本外出这件事对孩子并不重要，但狗狗的健康对孩子来说很重要，所以遛狗是一件很重要的事，间接带来的就是孩子外出的行为。

这两个例子足以说明迂回战术的有效性。家长可以找到孩子关心的、重视的东西，从这个角度出发，增强孩子对另一件事的重视度。

**2. 增强信心**

第一，给出数据和建议。无论何时，客观事实是最有说服力的证据。孩子没有信心往往是因为以往失败的惨痛经历或别人失败的客观经验，要增强孩子某这件事的信心，用事实说话更加可靠。例如，孩子对复学没有信心，家长可以举证其他人复学成功的例子；孩子对同学的态度感到恐惧，家长可以举证同学对孩子关心问候的历史等。当然，这样的数据和事实可能很难信手拈来，这需要家长多了解孩子，以及抑郁症治疗的相关动态，家长可以在渡过社群内找寻成功经验。

第二，找出并肯定优势。帮助孩子建立信心的一个重点是帮助孩子找到自己的闪光点，找出孩子在改变过程中的优势和资源。肯定优势本身就能够鼓励孩子，给予孩子支持。肯定孩子的优势时，家长可以使用比较正面和专业的词汇，以下100个词可以作为参考（见图6-2）。

第三，回顾过去的成功。家长还可以探索孩子过去做出改变的成功案例，如"孩子是如何做到的""当时有什么障碍，孩子又是如何克服的""这件事反映出孩子的优势是什么"等。回顾孩子的成功经验能够从中发掘出改变的力量，除此之外，家长也要注意，由于抑郁症等疾病因素，孩子的状态和生病前会有所不同，所以可以尽量回顾在生病后，孩子成功做出的改变，这样的成功经历能让孩子更有信服感。

| 接纳 | 坚决 | 灵活 | 坚持 | 固执 |
|------|------|------|------|------|
| 主动 | 能干 | 集中 | 持久 | 感激 |
| 适应力强 | 关心 | 宽恕 | 正面 | 彻底 |
| 冒险 | 有信心 | 向前看 | 有力量 | 体贴 |
| 深情 | 体谅 | 不受拘束 | 虔诚 | 坚韧 |
| 肯定 | 勇气 | 快乐 | 快速 | 信任 |
| 警觉 | 创意 | 健康 | 合理 | 可信 |
| 活泼 | 果断 | 抱有希望 | 接受 | 诚实 |
| 雄心勃勃 | 奉献 | 想象力丰富 | 轻松 | 理解 |
| 稳固 | 确定 | 灵巧 | 可靠 | 独特 |
| 敢言 | 不怕死 | 聪明 | 资源丰富 | 势不可挡 |
| 自信 | 勤奋 | 知识渊博 | 负责任 | 朝气蓬勃 |
| 细心 | 实干 | 有爱心 | 明智 | 有远见 |
| 大胆 | 渴望 | 成熟 | 熟练 | 完整 |
| 勇敢 | 热心 | 开放 | 坚定 | 愿意 |
| 醒目 | 有效 | 乐观 | 灵性 | 迷人 |
| 有能力 | 精力充沛 | 有序 | 沉稳 | 智慧 |
| 小心 | 有经验 | 有条理 | 稳定 | 相称 |
| 开朗 | 忠实 | 有耐心 | 直接 | 热情 |
| 聪颖 | 无惧 | 感知 | 坚强 | 起劲 |

图 6-2　成功改变者的一些特点

第四，重新释义。孩子丧失信心大部分是由于以往的失败经验，如果你听到孩子的语句中带有"但是我以前……""可是之前……"等短语，那么你可以做的是重新释义。一般的策略是对"失败"重新释义，从而鼓励孩子进一步的行动。将"失败"释义为"一次勇敢的尝试",将重点从失败之后的痛苦体验中转移出来,聚焦到那一次尝试中发现了哪些问题、自己看到了什么。"失败"这个词听起来是令人痛苦的,但是"尝试"这个词会让人感觉充满希望。

另外一种策略是对"失败"的原因进行重新释义。如果原来的失败被归结为"我没有能力""我一向如此""我无法改变"这些内在的稳定因素,那么下一次的失败仿佛就是命中注定。所以要鼓励孩子转换思维,对失败进行重新归因,归结为外在的、可以改变的因素,如"我还没有准备好""当时的时机不对""下一次是不是环境就不一样了"等。这样的归因转变能够帮助孩子从自我贬低的心态中转移出来,重新审视自己的失败经历。

家长要想帮助孩子扭转矛盾心态,首先自己就不能感到矛盾或害怕失败。以上的所有方法其实不仅能够帮助孩子,也能够帮助家长,家长先转变自己的矛盾心态,才能给予孩子行动的信心。

Adolescent
Depression

# 第 7 章

# 心理支持

　　心理支持者一般指精神科医生、心理咨询师、社会工作者等，可以为有需要的人群提供心理上的支持以及社会资源的链接。然而，患有抑郁症的人往往会因为病耻感等方面的因素不愿意去看医生，抑郁青少年也是如此。

　　正如渡过梁辉老师提到的，关于要不要就医，要不要寻求其他心理助人者的帮助，父母应该跟孩子一起探讨，尊重孩子的选择（需要强制住院的情况除外）。就医自愿与确切诊断是有关系的，抗拒就医时信息呈现可能会有偏颇，进而影响诊断的准确性。如果孩子提出想去看医生，父母也不必抗拒。越是坦然面对抑郁症，越有利于孩子的康复。

　　孩子生病，真正的护航者是父母。在陪伴抑郁青少年时，父母最可贵的一点是保持思考力，这对孩子和家庭都很重要。

## 什么时候需要去看精神科

一听到"精神科"，许多人都会不由自主地将其与"精神病人"联系起来，本能地心生恐惧。一方面，极力否认自己有精神问题，想方设法将自己与精神病人撇清关系；另一方面，躲精神科大夫就像躲瘟疫一样，能躲多远就躲多远，生怕看了精神科大夫后自己就会跟精神病脱不了关系。还有一些人，尽管对精神科大夫没有上述说的那么恐惧，但总是想当然地认为精神科大夫只负责那些心理上或多或少存在问题的人，而躯体上的病痛则不属于他们的执业范围。

其实，这些都是对"精神科"，或者说是对"精神医学"这一学科的误读。

精神医学一词源自希腊语的"心灵"与"治疗"，是对心理疾病进行诊断、治疗、预防等，以维持精神健康的一门医学。以身体为对象的身体医学与精神医学之间无法划出一条清楚的界线，而研究精神医学也不能轻视身体状态与精神状态之间的关系，因为人类的感情也会影响身体的健康，甚至会使病情转剧。

中山大学附属第三医院的甘照宇医生罗列了临床上需要寻求精神科帮助，但又常常被患者忽视的常见问题，以供读者参考。

### 失眠

对于失眠，大多数人都不陌生，但普遍存在两种认识误区：

（1）对失眠的灾难化解读，把失眠的后果想得十分严重，整天生活在对失眠的恐惧中，以至于把偶然一两次的失眠变成了长期的失眠；

（2）只重视失眠的对症治疗，忽视了失眠背后原因的解决，结果安眠药越吃越多，问题依然不见解决。

失眠常常是某些精神障碍伴随的一种症状，例如早醒（即早上比平时早 1～2 小时醒过来，醒后无法再入睡）通常提示抑郁症的可能，而入睡困难常常与焦虑有关。因此，作为长期为失眠困扰的患者，最为明智的做法是找一个专业的精神科大夫对自己进行评估，以便为自己制订一个科学、合理的治疗方案。切勿讳疾忌医，延误病情。

## 躯体不适

身体有不适当然要去看医生。但有些人的躯体不适可谓五花八门，一会儿头疼，一会儿腹痛，一会儿胸闷，部位不固定，有时难以用言语描述；有些人的躯体不适固定于身体某一部位，如咽部异物感、鼻孔堵塞感或者头部压迫感；还有一些人的躯体不适为全身性的，如怕冷，即使三伏天气也得穿棉袄。

这些不适可能是突发的，如突然感到心慌、胸闷、喘不过气；也可能是慢性的，如周身疼痛，迁延不愈。尽管表现各异，但患者都有以下共同的特点：

（1）患者对上述不适十分关注，并常常过度解读，总担心自己患上了什么重大疾病；

（2）任何内科检查均未发现相应的脏器、系统存在器质性病变的依据，即使有，也与患者躯体不适的性质、严重程度明显不符，按相应的躯体疾病予以处理无效；

（3）实验室检查的阴性结果以及医生认为患者无病的解释，无法打消患者对自己健康状况的疑虑；

（4）患者不承认自己心理上存在任何障碍。

从心理学的角度去解读患者躯体不适的任何努力注定会被患者全盘否定，这也是此类患者迟迟不肯去看精神科的一个重要原因。但越是这样，患者在正确诊治的道路上走的弯路就越多，付出的代价就越大，病情也好得越慢。许多患者都是到内外各科跑了个遍，检查也从头到脚做了个遍，最后得到的建议却是去看精神科，而这时钱却已花得很多了。

为了避免这样的结局，正确的做法是在出现躯体不适，且经初步的检查未发现问题时，即请求精神科大夫介入，一同研讨下一步的诊治方案。这样有利于节省医疗开支，降低治疗成本。

## 心情不好

心情不好只是一个笼统的说法，不同的人对心情不好有不同的描述。有的人自诉不开心、闷闷不乐、高兴不起来；有的人觉得心烦气躁、情绪易失控；有的人感到忐忑不安、内心空虚；有的人自述感情似乎麻木，既体会不到快乐，也感觉不到悲伤；还有的人自我感觉心情一般，但在旁人看来，他总是愁眉苦脸或唉声叹气，甚至话没说上两句就泪如雨下……

如此种种，均可以"心情不好"一言蔽之。人都会有心情不好的时候，但如果在心情不好的同时还存在以下状况，则可能需要看精神科大夫：

（1）生活中并未发生导致心情不好的不良事件，或者即使存在一些不良事件，但这些不良事件如果放在人生的另一个阶段，或者与自己境遇相似的人身上，或许并不是什么大不了的事；

（2）不良情绪持续超过2周以上，而且通过别人开导、休假、外出旅游等方式排解依然无缓解的迹象；

（3）除了给自己带来心灵上的困扰以外，不良情绪还给自己带来了躯体上的不适，如心慌、胸闷、乏力、消瘦等；

（4）不良情绪对自己生活的方方面面都造成了负面的影响，如对生活的态度变得比较消极、在人际交往中没以前那么主动热情、对工作不再投入，甚至感到厌恶等。

## 脾气暴躁

脾气暴躁的人通常会给人"不好惹"的感觉，与之相处时常常要处处小心谨慎，以免触碰到他那条敏感的神经，招来谩骂或拳脚相加。

有些脾气暴躁的人自小一贯如此，这可能是性格使然。如果某个人突然变得暴躁，则需要警惕是否有患精神疾病的可能。其中，发脾气先后经历"忍而不发—忍无可忍而爆发—后悔、抱歉、自责"三个阶段的人，有患神经衰弱或抑郁症的可能；发脾气时"骂你没商量"，骂完之后还觉得你"活该"的人，则要注意躁狂发作的可能；发脾气来得莫名其妙或对人冠以莫须有"罪名"的人，则有患精神分裂症的可能；"大事糊涂，小事却斤斤计较"的人，则要警惕脑内是否有什么病变。

无论属于上述哪种情况，都有必要去看精神科大夫，以便尽快明确诊断、及早治疗。

## 多疑

生性多疑如曹操或敏感多疑如林黛玉，多与性格缺陷有关，但一向坦荡豁达的人，突然或逐渐变得多疑，则需要警惕患精神障碍的可能。

多疑的人以疑心重为特征，怀疑的对象以及内容常常因人而异。有的人怀疑自己被人跟踪、监视、偷窥，甚至被人设计陷害；有的人怀疑周围人的一言一行均针对自己，甚至感觉电视或广播里的内容都在含沙射影地影射自己；有的人怀疑配偶对自己不忠，因此要求配偶时时刻刻活在自己的视线范围内，不得与其他异性有任何交往，否则就会反复盘查或暗地里打探其行踪；有的人则怀疑自己并非现在的父母所亲生，并执意认为某人才是自己的亲生父母；有的人怀疑自己得了某种疑难杂症，因此四处求医，反复要求做各种检查。

上述多疑者的怀疑多无现实根据，他们也不接受任何事实的纠正以及旁人的劝说，常常固执己见、一意孤行。及时地求助于精神科大夫不仅对多疑者有益，而且可以大大减少许多本可避免的家庭和社会悲剧的发生。

## 孤僻懒散

孤僻懒散有时也是一种病，这样的人并非生来如此，而多是从某一时期（家人通常不记得确切的起病日期）开始，逐渐变得不合群、喜独处、缺乏上进心。且随着时间的推移，越发孤僻、被动，整日闭门不出、懒言少语、对周围的人事物漠不关心、经常发呆、卧床，不肯上学，也不愿工作，甚至日常洗漱也懒得去做。这样的人越早去看精神科大夫，越早接受治疗，效果越好。否则病程长了，即使"华佗再世"，也难以让其恢复到病前的状态。

以上是需要看精神科，但常常被人们忽视的一些常见问题。

需要强调的是，需要看精神科的问题远不止这些。

说到这里，或许有的读者会问，精神科大夫与心理咨询师究竟有什么不同？

简单地说，一个合格的精神科大夫同时也必须是一个专业的心理咨询师，而一个合格的心理咨询师，无论如何都无法越权从事精神科大夫才有资格从事的业务。

专业地说，精神科大夫与心理咨询师最大的不同在于他们专业知识结构的不同。一个合格的精神科大夫首先是一个通科医生，需要经过系统、严格的全科医学教育，之后在精神医学、医学心理学领域内进一步深造，最后经过全国统考，方可成为一名具有执业资格的精神科大夫。心理咨询师则不需要有医学的教育背景，只需要参加一定的职业培训，然后通过全国相关的职业技能考试，即可成为一名心理咨询师，其成长历程相对比较简单。

从执业方式看，精神科大夫除了可以对患者进行心理治疗外，还可以给患者开具处方药物；而心理咨询师则不具有处方权，对需要借助药物才能解决的精神问题，心理咨询师唯一能做的就是将患者转介给精神科大夫。显然，对于上述所罗列的问题，心理咨询师均无法应付。

最后想跟大家说的是，看精神科，并不总是因为"癫狂"，为了让自己"更加精神"，你任何时候都可以去。

## 如何寻找适合自己的心理咨询师

电影《心灵捕手》(Good Will Hunting)中有非常经典的一幕，

心理咨询师尚恩和来访者威尔第一次打开心扉地聊关于棒球的故事。尚恩谈到当初自己为了追妻子而放弃了一场精彩绝伦的棒球比赛，留在酒吧陪着她看电视。

在此之前，威尔是一名十足的问题少年，却能够很轻松解出麻省理工学院数学教授蓝波的超难数学题。为了让威尔找到自己的人生目标，不浪费他的数学天赋，蓝波请了很多心理学专家为他做辅导，但是威尔都十分抗拒。直到遇见心理咨询师尚恩，他们在漫长的治疗中开始建立信任，互相治愈。威尔逐渐厘清了自己是谁、爱情是什么、友情是什么模样，开始寻找自我价值。

除了精神科医生，心理咨询师也是我们可以寻求帮助的对象。但实际中，人们提到去找心理咨询师时，心里都有着各种各样的顾虑：其中一种是"我是不是太矫情了，以至于咨询师会轻视或嫌弃我"；而另一种是"我是不是太严重了，以至于咨询师一点儿也帮不了我"。

那么，心理咨询到底可以解决哪些问题，我们又该如何找到适合自己的心理咨询师呢？下面是渡过陪伴者瓶子整理总结的答案，供大家参考。

## 心理咨询会处理哪些问题

首先，心理咨询既处理成长性的问题，也处理病理性的问题。

成长性的问题是指在生活的某一个阶段中，你遇到的一些问题，例如棘手的婚恋关系、学业上的焦虑、家庭矛盾，等等。这些问题可能给你带来巨大的痛苦，也可能只是让你感到困惑。当你希望借助专业心理学的帮助来改变一些现状的时候，心理咨询师一定会认认真真听你讲你的现状，而不会评判它够不够严重。

相比而言，病理性的问题是指经精神科医生诊断后的问题，例如抑郁症、双相情感障碍，等等。心理咨询不能代替精神科医生的诊断和处方，但是对于不同的心理疾病有不同的帮助作用。例如，对于患社交恐惧、焦虑障碍的患者，认知行为疗法（CBT）就被证明有非常好的效果；而对于抑郁症患者，心理咨询可以缓解症状、降低复发率。不过，对于严重发作期的一些精神疾病（如精神分裂症、伴有严重幻觉妄想的重度抑郁症），当个体无法与他人建立关系的时候，心理咨询的帮助作用会大大下降。

其次，心理咨询不会给你关于个人生活的决定，但它会给你思考和表达的空间。

咨询师不会告诉你现有情况下是否应该分手，也不会告诉你是不是应该跳槽。但是他会和你一起梳理这段感情中你的感受、情绪、处境，让你更了解你们的关系；也会和你一起分析这份工作中你的状态，以及那些促使你或阻碍你跳槽的原因。但是，最后做出决定的那个人一定是你。

如果你认同这样解决困扰的方法，那你会和心理咨询师的思路很合拍。

总而言之，心理咨询并非获得成长和改变的唯一途径，日常的人际支持、阅读、运动和艺术等都可以帮助人们缓解困境。心理咨询更像是为人们提供了又一种选择，或许可以帮到想要改变的你。

## 心理咨询有哪些方法和流派

大众通常熟知的心理咨询方法就是"话聊"。事实上，心理咨询中的咨访双方可以通过面谈、书信、网络和电话等多种手段，由咨询师向来访者提供心理救助和咨询帮助。

心理咨询的四大理论流派包括精神分析、行为主义、人本主义和认知理论，由此衍生的心理咨询方法和技巧不胜枚举，常见的有心理动力学疗法，比如大家熟知的梦的解析和自由联想、认知行为疗法、团体心理治疗、家庭治疗、艺术治疗等。

* 精神分析或心理动力学疗法：适用于任何年龄的人群。可以帮求助者实现人格完善，提升自我功能，改善人际关系，增强社会适应能力。

* 认知行为疗法：适用于认知功能发展完善的青少年及成年人。结构化、易操作，适合执行力和意志力比较强的患者。

* 家庭治疗：适用于青少年儿童及婴幼儿。是以家庭为对象实施的治疗模式，认为孩子生病是因为整个家庭系统出了问题，没有有问题的个人，只有有问题的系统。

心理咨询流派众多，但其实每一种治疗流派都只不过是咨询师携带的心理治疗工具箱中的一件工具，咨询关系的作用大于流派选择。

## 选择心理咨询师时可以参考的因素

了解了心理咨询一般会处理的问题以及常见的方法和流派，我们在选择心理咨询师时又需要考虑哪些因素呢？

* **咨询师的专业背景**。包括心理咨询师的教育经历、职业资格、专业训练时长、咨询经验、被督导时数、个人体验时

长、继续教育和学习经历、工作流派和取向等个人信息。

* **距离**。如果采用面谈的方式，最好在来访者的生活、工作所在地及其附近地区寻找心理咨询师，不能脱离自己原有的生活环境，也不要让远距离的心理咨询成为长期坚持咨询的阻碍。

* **价格**。合理支出，选择你能够负担的价格，这从长远上看更有益，并非更贵的咨询师就一定更适合你。

咨询师之间无法进行客观的比较，或者说，没有"最好"的咨询师，只有"最适合"你的咨询师。跟一个德高望重、满腹经纶、头衔累累的咨询师建立咨访关系固然很重要，这标志着他的专业性，但如果你感觉不好，那对你来说也没有什么用。

在"最适合"你的咨询师会谈的时候，你会有以下三种感觉：

第一，感到你们之间的沟通很顺畅、不费劲，能够互相轻松理解；

第二，在谈话过程中，你感到有兴趣、有热情与他继续会谈下去，会谈之后，你还愿意约他进行下一次会谈；

第三，在与咨询师谈话的过程中，或者在会谈之后，你会觉得自己受到了某些启发。

当你与某位心理咨询师谈话 3～4 次后，如果你获得了上述三种感觉，那么他就是你要寻找的最适合的心理咨询师。请坚持与该咨询师一起继续下去，克服各种困难，坚持定期会谈。一般来说，会谈的总次数需要达到 20 次以上。如果你与某咨询师会谈了三四次之后，仍然无法找到上述这三种感觉，建议你继续寻找，并且做好心理准备，这并没有什么大不了。

## 通过哪些途径寻找心理咨询师

我们可以通过以下途径寻找心理咨询师：

* 精神专科医院的精神心理科、心理咨询与治疗中心（需要受过心理咨询治疗的系统培训）。
* 高校的心理咨询中心或心理学系（一般不对外）。
* 靠谱的机构平台，如壹心理、简单心理、KnowYourself、BetterHelp、渡过等。用户可以随意输入坐标、语言、问题类别、期望的治疗方法等条件，为自己量身寻找适合的咨询师。
* 朋友介绍，口碑。

## 与心理咨询师相处的注意事项

在和心理咨询师的相处中，你需要注意以下事项：
* 提前预约。
* 想好开头说什么。
* 把心理咨询师看作一个特别亲密的朋友。
* 倾诉要有所节制，人在激动时容易失控，一肚子的烦恼和苦水恨不得全都倒出来，从时间上考虑，倾诉时间在10~30分钟即可。
* 有问必答比拐弯抹角更利于沟通。
* 不必过分地关注自我的表现与形象。
* 防止就事论事地纠缠于细节之中。有些人生怕咨询师不了解自己的经历与问题的发生、发展和现状，用大量时间去

讲述一件事的细节。其实，这是不必要的。咨询师更关注你的思想观念以及对问题的认识。对于事情的叙述，可以先讲个大致，然后等咨询师提问再说。

* 不要期望心理咨询师能替你决策。
* 不要希望通过一次咨询就根治心理问题。
* 不要等心理问题成了"心病"时才去寻求咨询师的帮助。现实中，"心病不算病"的观念依旧深入人心，不到万不得已，人们似乎还不愿与心理咨询师打交道。其实预防心理疾病与心理疾病的及早治疗更为重要，在"心理才感冒，还未发高烧"时就应该去寻求心理咨询师的帮助。
* 对于有关"性"的问题，最好能找同性别的咨询师。

在咨询前后，你也可以通过以下问题来增加对心理咨询师的了解：

* 请问您是执照咨询师吗？
* 请问您从事心理咨询多少年了？
* 请问您是否接受督导？
* 请问您是否进行过个人体验？有多少小时的个人体验时长？
* 请问您擅长的领域是（比如家庭与婚姻、儿童青少年问题、创伤等）？
* 我正遇到问题（关于工作、婚姻、饮食、睡眠等），而且现在感觉很糟（焦虑、紧张、压抑等）。根据您的经验，请问您能帮助我处理这些问题吗？
* 您会采用哪些治疗方法呢？您提供的治疗方法对我想要处理的问题有实证效果吗？

* 请问您的咨询费用是多少？有价格浮动政策，比如低收入群体（贫困家庭、学生、老年人等）的优惠价格吗？

* 请问您最长的个案做了多长时间？（不一定要做长程咨询，但最好找有做长程咨询能力的咨询师，按照每周一次的频率，推荐接过一年以上个案的咨询师。）

* 请问您日常的工作时间分配，是以培训为主还是以个案咨询为主？

## 留意越界行为，保护个人权益

国际上有一个专门的治疗关系敏感指数（EI 指数），告诉咨询师如何与当事人保持一种职业关系。如果咨询师在你们的咨询过程中做出了以下的一些行为，则说明他越界了：

* 为熟人做咨询。
* 私下与来访者接触或成为朋友。
* 在来访者面前宣扬自己，希望得到来访者的欣赏。
* 对异性来访者多情，或故意鼓励对方过度移情。
* 过分担心来访者的愤怒，不敢挑战或质疑来访者。
* 为了讨好来访者而随意延长咨询时间，增加复诊次数。
* 在休息时间接待来访者。
* 通过控制和支配来访者获得快感。
* 强迫推销、收取来访者的财物、陪来访者吃饭或利用来访者得到利益。

咨询师做出以上行为，还不能说他就违反了职业规则，只能说治疗关系存在问题。但在发生以下情况时，来访者可以投诉咨询师。

* 与来访者产生情感接触与性接触，包括不当的身体接触、性挑逗和要求来访者叙述性和身体方面的细节。
* 与来访者产生生意行为，如转介来访者并收取介绍费、跟来访者做生意、向来访者借钱等。
* 泄密行为，如泄露来访者的资料、与朋友讨论来访者、未经允许用来访者的故事写文章和书籍。

## 在咨询中学习提升

每次咨询的时长基本是 50～60 分钟，频率为每周 1～2 次，也有更加频繁或者间隔更长的具体设定，这是来访者和咨询师依据实际情况协商安排的。咨询结束时，来访者和咨询师都会对照咨询的目标进行效果评估。

一般来说，心理咨询能帮助来访者改变，比如提高自我觉察的能力、提升甚至重建认知、增强应对困境的能力和勇气、学习更多的应对技巧。

但我们同样需要意识到，咨询师是泥泞里的拐杖，不是人生的"万精油"。心理咨询终将会结束，我们要在这个过程中习得一些方法，获得一些力量，帮助自己独立行走。

## 当孩子生病却不愿求助时，家长如何做

为什么父母不能和孩子敞开心扉地聊就医话题？心理咨询师伊林列出了几个情境：

情境一：父母觉得孩子有神经症性心理问题，而孩子认为自己没有病。

情境二：病中的孩子不接受父母的观点，认为自己的病都是父母造成的，因此记恨父母，与父母背道而驰。

情境三：孩子知道自己病了，但拒绝接受治疗。

情境四：孩子知道自己病了，默许自己很多事做不了（起不了床，上不了学），父母也觉得情有可原，小心翼翼地怕刺激到他，百般顺从，希望维持住当下的状态。

在以上情境中，父母是非常希望生病的孩子能接受治疗的，但孩子却非常抗拒。因此，就医话题便成了家长与孩子沟通的障碍。

## 父母觉得孩子有病，孩子觉得自己没病

在情境一中，父母觉得孩子病了，于是非常积极地要帮孩子治疗，但孩子却觉得自己没病，这个时候，父母与孩子之间就会产生冲突。

父母发现孩子不开心、与自己格格不入、想法和情绪也捉摸不定，于是认为孩子的问题是病态的，想领孩子求助医院。或者父母已经和孩子去了医院，孩子已经被诊断为某种病症了，但他仍然认为自己没有病。

试想一下，如果孩子承认了自己确实有病，就意味着他以往的种种做法都是病态的，意味着他的情绪、纠结以及目前面临的困境是子虚乌有的，因为这些都是不正常的。同时，这也意味着他所面临的困难不需要被别人理解。

然而，他们当前最需要的不是"被治疗"，而是被理解和被

尊重，只有这样，他们才有勇气和信心面对疾病，寻求外界的帮助和支持。就像寒冬腊月里漆黑的夜晚出现的一株火苗，既温暖又明亮。

家长对"病了"的理解可能是有误的。在孩子眼中，被隔离在"病态"的另一个世界里，太过恐怖和痛苦，于是他们用"不承认自己有病"来保护自己，使得外界不会"骚扰"他，不会因为他的病去讨论他、分析他、"帮助"他。这些做法对于孩子来说没有好处，他们的言外之意是在向父母表达"我好冷，希望你们来暖暖我，给我一束光"。

## 孩子认为自己的病是父母造成的

在情境二中，患病的孩子不接受父母的观点，认为自己的病都是父母造成的，导致父母无法与孩子商量看病的事宜。这种情况常常出现在青春期的患者中。

青春期本来就是人生中的一个心理敏感期。这个时候的人既觉得自己长大了，又觉得自己还是孩子；既想证明自己有能力，又觉得自己无能为力；既想离开父母展示自己，又觉得自己需要被保护。所以这个时期的孩子既需要被关爱，又需要拥有充分的决定权。"关爱对方"与"为对方负责"是两个完全不同的概念，父母把孩子从小养育大，习惯了事无巨细的照顾和安排，还是难以区分这两个概念，而孩子往往会被这样事无巨细的照顾所伤害，感到被操控、被束缚。当患者面临瓶颈的时候，最让他们感到难以逾越的痛苦不是病症，而是父母的过度关爱。其实在患者看来，父母的"过度关爱"就是对他们的妨碍，因为这些爱中藏着满满的掌控感。因为父母非常爱自己的孩子，所以希望孩子身体好、学习好、将来有好前途、能过上衣食无忧的生活，希望看到孩子今后的生活顺顺利利没有烦恼。但在孩子看来，这些只是为了满足父母的需要，与自己想要的生活区别甚大，他们只不过是在为父母完成任务。

孩子本来就备受病痛折磨，还要背负着父母的期待，这对他们来说更是雪上加霜。所以孩子才会觉得，"我的痛苦都是你们造成的，既然你们那么希望我好起来，为什么不先反省一下自己呢？既然你们那么爱我，那么希望我康复，为什么不先改变自己呢？你们好了我就好了"。

## 孩子觉得自己病了但拒绝治疗

在情境三中，父母迫切希望孩子先用药缓解症状，再介入心理治疗。而对于患者来说，吃药意味着要人为地调节他的情绪，解决他内心的现实问题。如果药物能缓解他的情绪，帮助他重新审视自己，认识自己的问题或找到解决问题的途径，他们是愿意的。但如果服药后情绪缓解了，问题却依然存在该怎么办？这是患者最担心的问题，因为在他们看来，只要问题解决了，情绪就好了，为什么要靠药物来人为改变呢？

所以他们排斥治疗，也不相信心理咨询师能够帮到他们。患者不是试验品，治疗过几次后没有效果，他们会产生挫败感，拒绝治疗。因此，一定要通过正规渠道寻找合适的心理咨询师。

## 相安无事，但父母不能提及就医话题

在情境四中，父母的小心翼翼维持住了家庭的和谐平安。孩子也觉得自己现在这样挺好的，没有困惑，没有想解决的问题。

但作为父母，不想让孩子永远这样，于是再一次提及就医话题，希望通过治疗，使孩子恢复社会功能。这看起来不是孩子想解决问题，而是父母想解决问题，孩子自然会拒绝就医。

在孩子生病的过程中，父母尝试着去理解他的行为，理解他上学的困难，理解他情绪失控，也不要求他的成绩。上不了学，父母为他想最妥当的方式请假，想方设法为他屏蔽外界的压力和烦恼。父母也尝试去理解他症状背后的无奈，陪他旅游玩耍。孩子担心的未来都有父母为他承担后果，他的症状减轻了，亲子关系也融洽了，但依然不想去上学。提及治疗，双方依然无法达成共识。

显而易见，因为生病，父母更加在意孩子的感受，无微不至地呵护他，让他可以待在"安乐窝"里，回避外界的一切压力和烦恼。生病似乎给孩子带来了诸多的好处，如果病好了，孩子会担心这些"优待"不会存在。所以待在病里不想出来。

在这个过程中，父母把孩子的未来当作自己的未来，承揽了一切责任和后果，所以孩子得过且过，并不急于走出家庭，恢复社会功能。因为在这件事上，父母比他更着急，治疗的事也成了父母的事，跟他无关了。

父母要让孩子明白，无论他的病好没好，自己都会一如既往地关爱他、在意他。父母要把责任问题划清界限，哪些是孩子该负责的，哪些是自己该负责的。全权包揽无法帮助孩子，反而为他回避现实、回避压力找到了合适的借口。

通过对以上四个情境的分析，我们可以知晓，父母无法敞开心扉和孩子讨论就医话题的症结在于，孩子不接受父母的话题，拒绝父母的观点。而拒绝的原因是双方想的不一样，父母并不了解孩子的想法和感受。

如果父母只想达到自己的目的，必定会受到孩子的反对。只有从孩子的角度，感孩子的感受而感受，解孩子的想法而同感，想孩子的问题而用心，才能赢得孩子的共鸣。如果父母只是站在自己的角度担心孩子的未来，分析孩子的症状，为了减轻自己的难过而行动，孩子就一定会排斥和拒绝。

心理学中提到的"爱"与我们平时理解的意思有些不同。

平时我们理解的爱，是指你对对方有很深的感情，因此关爱照顾对方胜过关爱照顾自己，视对方的一切就是自己的一切，以此来表达和释放自己对对方爱的体会。

而心理学中的"爱"，是指对对方的理解、赏识、尊重、接纳和包容，关注的是对方体会到的感受。如果你表达的爱对方感受不到，就不代表你爱他。

因此，关于治疗的话题的思考，父母要从自己是否理解孩子开始，理解孩子要从了解孩子开始，了解孩子要从亲子关系开始，亲子关系要从对爱的理解开始。

第四部分

# 青少年抑郁症
# 康复的渡过之路

Adolescent
Depression

Adolescent
Depression

# 第 8 章

# 落地实战的抑郁完整解决方案

经历了 8 年的探索后，渡过的定位越来越清晰，渡过平台负责人之一赵云丽介绍，渡过可以用三个平台来定义——抑郁科普平台、抑郁患者社区、青少年抑郁完整解决方案平台。

渡过是国内最早专注于抑郁症等精神疾病的科普平台。2015年，在经历波折的康复之路后，张进认识到中国抑郁症等精神疾病的科普存在巨大空白，于是他体验自我，走访患者、家属、精神科医生和心理咨询师，写就了"渡过系列丛书"，发起了"渡过"公众号。这些内容吸引了大量读者，越来越多的患者和患者家属聚集过来，构成了国内最大的抑郁患者社区。随着近年来青少年心理问题逐渐多发，社区内聚集了越来越多的青少年患者和他们的家长，这些家庭对专业服务的需求也越来越强烈。经过几年对患者的深入体察和专业积累，2018 年，渡过开始聚焦青少年抑郁完整解决方案。

从抑郁科普平台、抑郁患者社区到青少年抑郁完整解决方案平台，这是渡过不断满足患者需求的过程，也是渡过的解决方案不断深化、服务不断专业化的发展过程。三个平台共同构筑了渡过特色的生态疗愈模式。在本章中，我们将向大家介绍渡过所创立的这套疗愈模式，以及渡过在探索过程中所总结的实战经验。

## 探寻精神疾病的生态疗愈模式

渡过是一个患者和家属社区，这个性质注定了我们要接触各种复杂、疑难病例。因为只有这样的病例才会来我们这里寻求帮助，并留在这里。患者和家属的痛苦我们感同身受，并因此确立了我们的做事方式——以患者为中心，以疾病为标靶，以治愈为目的。

2018 年至今，渡过逐渐从传播知识阶段步入实际解决问题阶段，陆续推出了"陪伴者计划""亲子营""复学营""家长营""青少年线上营""青少年劳动成长计划"等一系列项目。结合自身特点与实践，我们逐渐摸索出了一套疗愈模式，并将其定名为"生态疗愈"。

什么是生态疗愈？简单地说，生态疗愈就是人为创造出一个完整的环境，让患者在其中实现自我疗愈和相互疗愈。

### 为什么需要生态疗愈

生态疗愈是渡过创始人张进老师自造的一个词。他第一次公开提出这个概念是在 2019 年渡过的新年献词中，他专门用一节内容进行了题为"全人关怀，生态疗愈"的阐述："单个人的能量和耐心总是有限的，想要解决这一问题，就需要建立一个基地，在相对充裕的时间里，构建一个生态疗愈场，创造人与人、人与自然关系的联结，让患者的情绪流动起来，最终回归社会，实现康复。"

如何理解生态疗愈？首先，"生态"指的是一切生物的生存状态，以及它们之间和它们与环境之间环环相扣的关系。这个解释非常精当，我们之所以把"生态"和"疗愈"两个词结合起来，也正是着眼于关系——患者和其周边环境的关系。精神疾病的成因十分复杂，只有在良好的生态关系中才能够得到治愈。

为什么这么说？相信绝大多数患者和家属都能体会到，治疗精神方面的疾病比治疗躯体疾病更加困难，原因可能包括以下四点。

首先，精神疾病成因复杂，其病理至今仍不明确，目前居主流地位的神经递质学说并不能完整解释精神疾病现象。因此，无论是药物治疗、物理治疗，还是心理治疗，都是尝试性的，患者不可避免地要试错，治疗效果存在很大的不确定性。

其次，精神疾病的治疗过程漫长。人的精神活动可以简化为"刺激—调节—反馈"的循环，这是一个复杂的链条，其中任何一个环节出现异常，都可能引发精神问题。这就决定了精神疾病的治疗过程，从就医到诊断到治疗到康复，涉及更复杂的因素，需要更长的时间。

再次，精神疾病是生物、心理、社会三方面因素共同作用的结果，治疗效果必然和患者所处的环境密切相关。随着生活节奏加快、竞争加剧，患者面对的挑战越来越严峻，这对其康复非常不利。

最后，精神疾病的疗愈需要个人努力。精神疾病涉及精神因素，如果患者没有求治之心，不愿意付出相应的行动，那其他人也无能为力，而患者的病况恰恰会使其难以努力，这是一个尴尬的怪圈。

上述四个难点对精神科医生和心理咨询师提出了更高的要求。但在现实中，我国精神疾病治疗的两大系统——医疗系统和心理咨询系统，目前都难以同时应对上述难点。

对于医疗系统来说，由于精神疾病治疗难免试错，调整治疗方案必不可少，这就需要医生对患者的治疗情况有足够的了解。可是，当今社会精神医疗资源严重短缺，病人多医生少，患者首诊时间不足，复诊间隔时间久，调药难以做到及时、准确，疗效往往因此大打折扣。

心理咨询系统也不尽如人意，一是心理咨询行业混乱，很难找到匹配的咨询师；二是心理治疗花费巨大；三是咨询服务有严格的边界设置，求助者的治疗体验往往不够愉快。

除此之外，两大系统共同的局限也许是部分医生和咨询师都偏重于从自身的角度考虑问题，同时，医生认为咨询师是空口说白话，咨询师认为医生只会用药不能治本，双方各自画地为牢，而不能从实际出发，为患者寻找最适宜的治疗方案。

为了应对上述不足，我们想到了生态疗愈模式。既然现有的两大系统都不能有效解决问题，就需要新的思路、新的观念——"五观"应运而生。

## 精神疾病治疗的"五观"

精神疾病治疗的"五观"包括整体观、发展观、个体观、社会观、时空观。在此简要介绍它们的大概内容。

**整体观**：用"生物－心理－社会"的现代医疗模式理解精神疾病，把人类的精神现象视为相互联系和发展的整体，综合而全程地解决问题。

**发展观**：参考哲学上关于运动的观点，即万事万物大至宇宙天体，小至电子、原子，无不处于永恒的运动中。同理，大脑中的各种元素，比如神经递质，也无时无刻不处于运动之中。平衡是暂时的、相对的；不平衡是永久的、绝对的。以此推论，精神疾病的发作和痊愈是一个淡入淡出的渐进过程，好比光谱的演变。病与非病、正常与不正常之间没有明确的分界线。我们要对精神疾病持一种包容和接纳的态度。

**个体观**：精神疾病有着高度的特异性，每一位患者都是独特的，需要具体问题具体分析，寻找个性化的疗愈方式。

**社会观**：人是社会和环境的产物，每个人都需要在环境中定义自己，形成自己的人格和精神世界。因此，在治疗精神疾病时，必须把患者的周边环境作为一个不可缺少的变量予以考虑。

**时空观**：任何精神障碍的形成或心理改变的发生，都不是一朝一夕的事，而是出现在漫长的时空中，只有将其置入一个时空跨度多向研究，方能把握其来龙去脉。

建立上述"五观"后，我们在张进老师的带领下逐渐确立了渡过的目标，即探索一条综合、全程、全人关怀、个性化的疗愈之路。生态疗愈的必要性由此突显，我们只有把患者置于一个良好的生态环境中，把握患者和周边环境的关系，才能运用这"五观"来治疗精神疾病。

## 构建一个有机联系的生态能量场

2018 年是渡过的一个重大转折点。这一年，渡过从传播知识阶段进入了实际解决问题阶段。第一件事就是推出了"陪伴者计划"。3 月 5 日，张进老师在渡过公众号发表《短期是诊治，长期是成长，全程是陪伴》，公开提出了"陪伴者计划"，并同步推出《陪伴者手册提纲》。

目前中国精神健康资源严重不足，"陪伴者计划"的核心就是发掘、整合、赋能成千上万的康复者，使他们成为陪伴者，从社会支持层面入手，为患者提供全程服务，从而在医疗系统和心理咨询系统之外，构建精神疾病疗愈的第三系统。

经过 3 个月的准备，2018 年 6 月，"陪伴者计划"正式启动。截至 2018 年 10 月，渡过已经建立了一支 50 多人的陪伴者队伍，完成了 500 多人次的陪伴。

这时，我们又有了新的目标。单个陪伴者的能力是不全面的，单打独斗效果有限，可否把众多陪伴者的优势结合起来，在特定的空间和时间内，面对面为患者解决问题？

本着这个设想，2018 年 11 月，我们在杭州举办了亲子成长营。这次尝试具有历史性意义，它打开了一扇窗，把渡过引入了一个新的阶段，从此一发而不可收。截至 2019 年 9 月，我们总共办了七期成长营和一期复学营，生态疗愈模式也逐渐成形。

鉴于精神疾病的复杂性，单个人的能量和耐心总是有限的。这就需要我们建立一个生态能量场，涵盖药物治疗、心理治疗和社会治疗，创造人与外界关系的联结，让患者的情绪流动起来，去除病耻感，形成能量场，从而获得自我疗愈和相互疗愈。

张进老师总结道："对于精神疾病的康复，我们不相信奇迹，只相信集体的智慧和时间的力量。"

生态能量场有哪些功能

接下来，我们想用我们的实践说明这个生态能量场所具备的功能。

**1. 共情和接纳**

由于病耻感的存在，精神疾病患者在现实生活中往往是孤独而沉默的。因此，能量场的第一个功能就是为大家提供一个相互理解和接纳的场所。

用一位成长营小学员的话说："我们是同类。"

3月，我参加了渡过深圳营。这里给了我太多的惊喜，是我想要当作项链挂在胸口的珍宝。

在这里，我感受到了许多人细腻的情绪和温柔的善意，尽管他们手里同时攥着疲惫和无望。每个人都在努力地接纳陌生人，努力地谈笑风生，但也偶尔会因为某一句话泪如雨下。我很奇怪，为什么人会突然在陌生人面前泪流满面，说不出话？我从未想过，人的心里真的会有一处地方，柔软到只要轻轻安慰抚摸，就能触动到灵魂。

在亲子营的最后一天，我想明白了：因为在这里，我们是同类。

一直以来，我们都不能向旁人倾诉难过和无助。而在这里，我们可以。在这里，讨论自己的病情或讲述自己的故事是如此轻松、自然。我们终于找到倾泻的出口，不用犹豫再三、权衡信任，还得加上一句"不知道我能不能告诉你"。

我不知道能不能把成长营称为家，因为我们很多人即使在自己的家里都不能坦诚，会感到恐惧和迷茫。而在这里，我们得到了帮助。

于是我说，在这里，我们是同类。

我仔细观察，发现自己听到别人的一句话，就好像听完了一个故事。我从来不敢说感同身受，但这一刻，我觉得所有人的心率都达到了一致。我们卸下了所有为自己精心构筑的防备，终于可以安心地求助。

于是我说，我们是同类。

短短五天里，我们每个人都像生活在与世隔绝的桃花源一样，被大把大把的安全感包围。这个桃花源是沿途的驿站。我们经过了烟沙弥漫的征途，来到这里休息，分享经验，整装待发，为的是重新走上不知前路的征途时，能多一点勇敢和无畏。

几十个孤独的灵魂，与旁人格格不入的灵魂，不被看好的灵魂，四处漂泊的灵魂，终于在这里找到了归宿。

在这里，我们踏上征途。这就是我们来到这里的意义。

### 2. 学习和成长

对抗精神疾病是长期的战争，需要勇气和知识。面对疾病，大多数患者和家属是孤立无援的，而生态能量场正好可以提供这种氛围，支持大家彼此鼓励。

一位参加过成长营的家长这样写道：

渡过的组织者、老师、志愿者、家长和孩子们在这里共同度过了一周，组成了一个巨大的场。在这个场里，温暖和善意形成合力，像空气一样无处不在，自然地流动。

上课、座谈、一对一咨询、情景剧场、游戏、唱歌、长跑、散步、八段锦、太极拳；倾诉、倾听、交谈、问候、拥抱、陪伴，甚至冲突——所有的形式都给每个参与者送出了一份礼物，那就是成长。

在这里，所有的形式都指向超越形式，直达成长。

另一位家长也分享了自己的感受：

我是两个女儿的妈妈，小女儿3岁，大女儿15岁。怀着期待，我带着女儿进入了苏州营。大家都说我是营里最焦虑的妈妈，因为我哭得最多。

后面的课程中，我都在认真地学习、做笔记。这是我第一次完全打开自己，我意识到自己对待老公也像刺猬一样，拼命地想靠近，却总是刺痛他，而这种不安全感直接传递给了女儿。直到这一刻，我才真的放下了自责，原谅了那个心里满是委屈、寻求爱的自己。

在营地里的这几天，女儿说了很多心里话，我深深地理解了女儿痛苦的根源。以前，我总是自以为了解她，但现在我终于承认，原来我了解的都是假象。为了我这个心理脆弱的妈妈，她平时只把好的一面呈现出来，而把所有的伤痛都埋在心里。

回家后的第一件事，就是告诉老公我的感受。他理解并拥抱了我，我已经很多年没有这种感觉了，我又找回了老公对我的爱。

我此行最大的收获是了解了自己并愿意放过自己，同时真正理解了女儿。我们全家会用爱和时间来慢慢疗愈女儿的伤痛。

### 3. 带动与激发

2019 年 5 月 28 日，渡过北京营组织学员攀登营地附近的居庸关长城。居庸关长城横跨东西两个关隘，全长 4000 多米，以陡峭、险峻著称。平日里，这些孩子缺乏锻炼、体力不佳，一路上有人摔倒，有人抽筋，但大家耐心等待，相互扶持，引领陪伴，彼此鼓劲，最终有十几人成功登顶。

一位学员撰文记录了他的心路历程：

一出发我就以极快的速度攀登着，20 分钟过后，我像泄了气的皮球一样，浑身无力，头晕难忍，不得不坐在台阶上休息。那一瞬间，悲观、绝望的感觉涌上心头，我想起了生病前的自己——身体素质好、学习成绩好。按以前的体能，我也许能够成为第一个登顶的人，而现在的自己休学在家，不能再为父母带来荣耀，体形也变得难看，比之前胖了整整 30 公斤。我很难接受自己的体重在短短一个月内竟然飙升了那么多，我觉得自己的身体垮掉了，整个人都废掉了，我什么也做不了，我的病再也好不了了……

当我的内心陷入无边黑暗时，梁辉老师在我身边坐下，陪着我休息。过了一会儿，梁老师拍拍我的肩膀，鼓励我先爬一小段路，如果不行再返回来。我心有所动，和梁老师一起继续往上爬。爬到好汉坡时，梁老师给我拍了一张照片鼓励我。坐下来休息时，我对梁老师说："我又活过来了！"

梁老师拉着我的手，温言细语地和我聊天，她启发我："刚才的经历像不像得病的过程呢？"

其实这次爬长城，我是抱着必死的决心去的，因为自己以前也想过死，这次大不了心脏受不了死在长城上，也算是一条好汉。在断水的情况下，我一个人像发了疯一样往上爬，没寻求任何人的帮助……在 11 号敌楼，我的左腿开始抽筋，到 12 号敌楼，我的右腿开始抽筋，每迈一个台阶，腿就钻心地疼……凭着一股不服输的劲头，我竟然在 30 分钟内爬完了100 米的高度，之后一步步成功实现了登顶，与大部队成功会合。那一刻，我痛快地哭了，压抑了两年的委屈、悲伤倾泻而出。释放完情绪后，我心里无比轻松。

这个攀爬长城的临时性团体形成了一个生态疗愈场。如果没有这个场赋予的力量，这些孩子是很难登上峰顶的。

### 4. 行动和生活

关于行动和生活，这里还要介绍一个特别的组织——渡过青春编辑部。

2019 年 3 月 30 日，渡过公众号"青春版"成立。这是深圳亲子营的小学员自己提议并组建的。编辑部成员共 8 人，年龄在16～26 岁。从这天起，渡过公众号每周六的版面，从策划到采写到编排，全部由他们独立完成。

在"青春版"发刊词《给青春一次"渡过"》中，孩子们自己说：

"同类是会互相吸引的，这种可爱的微妙击穿了一切社会因素，相遇相知便相辅相成。我们的目的在于将这种共鸣感扩大，用积极去解释死亡，用敏感去寻找安定。

我们很真实，依然是服药的群体。但是我们希望互相拉一把，一个人不够就两个，一只手拉一只手，连接下去。我们想让更多的同类知道，这里有一个桃花源在守望他们的到来，这里纯白而充满能量。

这个团队很年轻。我们面对的是千万个同类，我们心怀感恩，无所畏惧，并且擦干泪湿的眼角，向每一个缺乏眼泪的斗士致敬。"

当天，张进老师在朋友圈写下了这样一段话：

昨晚孩子们的稿件交到我手上，尽管从内容到文字都有需要完善之处，但我硬是熬住职业癖好，坚决不改一字，因为这是他们的生命原色和冲动。在我看来，青春版的意义更在于创建的过程。这群仍在治疗和康复中的孩子，他们在渡过相遇、相知，自己倡导、组织、采写、编排，这个过程正是渡过一直在倡导的关系疗愈。

青春版的主编叫子烨，后来，她和渡过渐行渐近，连续参加了五期活动，做了很多组织和服务工作。在此过程中，我们亲眼看到了她身心上的双重进步。

她这样描述道：

五天的力量太小，至多不过是家庭关系的调整。不过少年们还是迈出了社交的第一步——和与自己相同的生命交流，与大家精神上生活在一起。

这种变化不是营地带给我的，它来自一种期望，一种重新融入群体的希望，毕竟融入之后没有人会想让群体和他一起心碎。我处在这个敏感的群体里面，免不了有一颗玻璃做的心脏。我的尊严不允许我去阿谀逢迎，于是我把气力给了奉献，违心却造福他人的奉献。

在深圳，我曾莫名其妙地上了心理剧课，莫名其妙地成了教学道具。我挑选了自己童年最没有伤痛点的时段，本以为这会是合家欢的剧，可是有人却哭了。我亲身经历了这种暗藏在心底的敏感，原因竟然是我自己的平和。

虽然我的故事和童年的心是平和的，但是重现的时候却不是。我深恶马戏，而当时那个情境就像马戏演出。猴子在台上，没有人鞭打，也没有表演，台下的观众却潸然泪下。这一幕很诡谲。

在苏州营开营一个月之前，青春版编辑部成立，这给短暂的群居生活搭了一座客栈。我开始在乎每次和文字打交道的机会。我掌管着整个编辑部的稿子和资料。犹记得我开始敲下第一篇文章时，使用张老师给予的公众号平台权限——事情远比我想象的复杂且有趣。

我享受着慢慢接手不只局限于青春版公众号的工作，那是一个个未曾公开的文件里的秘密。我必须早起去和其他工作人员或老师联系，我的作息开始规律。写稿、校对、编辑、摄影、出稿，我逐渐有了充实的感觉，有了应对玻璃心的方法，因为在个人价值出现的同时，我的玻璃心得到了认可。

且不谈编辑部短短几周的收获和好坏，它更是一种象征、一种康复的动力和织起的梦。所有的共情起源于我们结交的归属感，最终汇聚成一张满意的面具。

这张面具是玻璃糖做的，透明却有保护作用，我们终有一天会共同佩戴、共同揭下、共同在面前摔得粉碎。待揭开面具的那天，我们在编辑部积累的价值会助我们新生成长。

不仅子烨，连续参加了几期成长营的孩子和家长们都有不同程度的进步。他们用自己的实践证明了，对于很多难治性抑郁，改变生活方式是一条出路。而生态能量场正是借助集体的力量，以鲜活的生活构建了个人无法独立掌控的生活方式和行为模式，并让每一位成员在此过程中更新和完善自己的生命状态。

如何在实践中逐步构建能量场

这是一个实践性问题，所谓"魔鬼在细节"中，一切美好的设想都得靠具体操作来实现。我们可以着力于以下几个方向，如建立关系、设计课程、医疗咨询、心理辅导、户外活动、团体对话、情感对接、身份认同、角色互换、危机干预，等等。

我们也是在实践中一步步丰富和完善能量场的，并且我们的能量场在不断扩大。比如成长营第一期只有 60 多人，到第四期就发展到了 144 人。将来我们还会继续探索，并不断分专题进行总结提炼，写成文章和读者分享。

生态疗愈的本质是患者在人为的模拟现实中实现自我疗愈和相互疗愈。人本主义心理学的精髓也是如此，也许我们工作的意义就是用实践去证明这个道理。

比如，一位家长看见了孩子给他的疗愈力量：

这几天，许多人有一个新的发现，抛开那些冷冰冰的标签，每个人都需要成长。相对于有无限可能和充满生机的孩子们，站在家长位置的掌控者可能更需要成长。

一方面，随着孩子的快速成长，家长的成长可能会慢一两拍甚至停滞不前，但他们仍旧用一成不变的眼光评价或对待孩子；另一方面，有些家庭内部结构上一直存在冲突和矛盾，需要每个家庭成员努力成长，给予其他成员更多的接纳、包容、温暖和无条件的爱，只有这样，才能达成家庭内健康顺畅的合作。

这个过程中必然有痛苦的磨合，由于人的本能是趋利避害的，当有成员回避这种痛苦的时候，他就不会得到成长，冲突依旧存在。此时，在家庭内处于最弱的被掌控地位，但最具成长性的孩子，就会不自觉地去扮演一部分这个弱化甚至空缺的角色，承担由此带来的重压和痛苦，以维持家庭的凝聚力。

在很多情况下，由于这种角色关系的错位，孩子们需要尽最大的努力去帮助或推动掌控者成长，即使耗尽自身能量、伤痕累累，仍无法达成，反而成了掌控者眼中的"问题"。为了解决这个"问题"，掌控者才有一丝机会去思考并实践自己的成长，才有一丝机会看到自己和被掌控者的真实处境。

孩子之间也存在相互疗愈，正如渡过公众号上的文章写道：

有家长忧心忡忡地问："孩子们聚到一起，会不会有太多负能量互相影响？"其实，成人总是忽视了孩子之间互相治愈的能力。

情绪障碍带来的痛苦无法言说，即便是朝夕相处的家长也很难感同身受，而身边亲人的不解和愤怒又会转化成家庭的二次冲突。孩子唯一能做的只有关起心门，独自面对疾病带来的伤痛，同时又摆出一副或自暴自弃、或目中无人、或担惊受怕的态度，来面对这个世界。

事实上，孩子们大都单纯敏感，有着自己的烦恼喜恶，同时，他们往往比大人想象的更成熟坚强，此时的困难不过是他们生命中的一段插曲。

所以，每次亲子营，我们都会安排孩子们说心里话的时间。孩子们多半带着调侃的语气说起自己的经历，很多故事和情绪在房间里流动。哽咽时的一句'我懂'、痛哭时的一个拥抱，也许就是打开心门的良药。我们真心希望他们在倾吐的同时，也能放下多年独自承担的重负。

长期黑白颠倒、闭门不出的生活节奏让很多孩子脱离了真实的世界。晒晒太阳、踏青郊游、看湖看海看风景、自己亲手做一顿大锅饭，每一个日常行为都是一次鲜活的刺激。这就是亲子营对他们的意义：看到美好，找到伙伴。

从这个意义上看，渡过提供的服务是直指人心，有温度、有情感的服务，并鲜明地阐释了渡过的理念——表达与看见，流动与交融，温暖与力量，体验与联结，接纳与改变。

## 陪伴者计划：短期是诊治，长期是成长，全程是陪伴

相对于躯体疾病，精神疾病的治疗更为复杂。从发病到接受现实，到正规求治，到临床治愈，到彻底康复，到回归社会，这

是一个漫长的过程。精神疾病患者本来就在认知方面存在一定的偏差，更需要获得知识、经验、信心和力量，从而能够坚持到底，走完治疗全程。

在精神疾病治疗领域，目前并存医疗和心理咨询两大系统，前者对应药物治疗和物理治疗，后者对应心理干预和人格成长。这两个系统都非常重要，正在相互配合，协同发挥作用。

但是，鉴于目前医疗资源稀缺，尤其是优质医疗资源高度稀缺的情况，患者得到的治疗往往是不充分的。尤其是对于精神疾病，短短几分钟的西医诊治和以小时收费的心理咨询完全不能满足患者的需要。加之精神疾病的特异性，很多患者得到的治疗与其个体特点并不匹配，药物干预和心理干预都不能达到预期效果。

这就需要我们在医疗系统和心理咨询系统之外建立第三个系统，即社会支持系统，而陪伴者计划则构成社会支持系统的重要一环。陪伴者的任务是对患者给予从发病到回归社会的全程指导、陪伴和抚慰。鉴于精神疾病的特点，最好的陪伴者就是精神疾病临床治愈者或康复者家属，他们对疾病感同身受，同时具有爱心、耐心、经验、心理学和精神医学知识，以及随机应变的能力和危机处理的能力。

概括而言，陪伴者计划旨在构建一个平台，对接患者和陪伴者。患者可以获得全病程指导、长期陪伴和坚持到底的勇气与信心；陪伴者可以获得收入、助人的快乐和人格的成长。

短期是诊治，长期是成长，全程是陪伴——这就是陪伴者计划的意义所在。

## 陪伴者计划的工作程序

陪伴者计划的共同发起人李香枝介绍了陪伴者计划的常规服务流程。患者或家属通过渡过服务平台选择适合自己的陪伴者，并填写基本信息。陪伴者提前了解求助者资料后进行陪伴，陪伴形式包括线上和线下，单次时长一般为 1 小时。而陪伴者的背景和经历不同，擅长的陪伴内容也不同，比如青少年复学陪伴、运动陪伴、家长陪伴等。这些陪伴者大多是康复患者及其家属，他们有疾病或陪伴的经历，能共情和理解患者。

为了提高陪伴的能力，渡过建立了陪伴者职业学社，建立标准，甄选并培养人才。经过四年多的实践，渡过总结提炼了一套"人员甄选—培训—上岗"的流程。通过招募和遴选的学员，在经过严格的培训、考试及实践后，成长为各有所长的陪伴者。渡过同时建立了督导制度，由具有丰富经验的陪伴者以及心理专家、医学顾问组成督导团队，在陪伴过程中提供督导，帮助陪伴者解决具体困难，应对突发危机，顺利完成陪伴。

## 陪伴者有哪些优势

具体而言，陪伴者的优势包括以下几点：

（1）人数众多。理论上，有抑郁疗愈经历、有热情、有学习能力的患者及其家属都有可能被培训为陪伴者。

（2）有同情心。他们经受过疾病的折磨，与患者同病相怜，也很想把自己从治疗中获得的经验传授给他人，从中体验到价值实现的快乐。

（3）有同理心。他们对疾病感同身受，能切中患者需求，更容易与患者沟通。

（4）有相对较多和较灵活的时间。与医生和咨询师相比，他们不以此为主业，处理问题更灵活机动，不受职业规则的局限。

现实中，如果陪伴者的上述优势得以发挥，他们就可以打通"生物－心理－社会"三个环节，对患者给予全程的指导、陪伴和抚慰，成为医疗系统和心理咨询系统之外的第三系统。

## 陪伴者可以提供哪些帮助

### 发病初期：树立信心，保持耐心

从抑郁症求助者的治疗进程来看，抑郁症可以分为发病初期、急性发作期、治疗期、巩固期、康复期几个阶段；从疾病的严重程度来看，抑郁症可以分为轻度、中度和重度。疾病状态不同，求助者需要的帮助也是有区别的。

在发病初期，多数求助者不太了解抑郁症，普遍的反应是茫然、惊慌、无助，不知道自己得的是什么病，更不知道应该怎么办。这时，陪伴者首先要做的是倾听求助者的诉说，安抚他们的情绪，向他们普及抑郁症的基础知识，打消他们的恐惧和忐忑心理，帮助求助者把心态安定下来。

随后，陪伴者要告诉求助者抑郁症是一种真实的疾病，是生物、心理、社会三方面因素失衡的结果，是需要治疗且可以治疗的。很多求助者出于对抑郁症的无知，想当然地认为抑郁症是心病，责怪自己意志薄弱、缺乏责任感，自责、自罪，反而耽误了治疗。因此，陪伴者要劝导求助者正视问题，及时调整，迅速控制症状，不然会贻误时机，给后续的治疗增加难度。

在这个过程中，信心非常重要。就像张进老师在出版《渡过：抑郁症治愈笔记》后，读者反馈说："读了你的书，我明白了一个道理，那就是抑郁症是可以治疗的。"

一开始，张进老师觉得很不甘心，心想自己写了这么多，难道就这一句有用？随着接触到越来越多的求助者，了解到求助者在治疗中有那么多曲折，他逐渐认识到，假如求助者读了这本书，真的能树立"抑郁症可以治疗"的信念，那这本书就非常实用，他就知足了。

陪伴者还可以帮助求助者消除病耻感。很多求助者虽然明白抑郁症是怎么回事，也知道应该寻求正规治疗，但没有勇气告诉别人自己生病的事实，更谈不上求医问药。当然，消除病耻感是全社会的事情，陪伴者只能尽力劝导求助者"你只是病了，不是错了"，鼓励他勇敢面对，积极求治。

最后，在告诉求助者"抑郁症可以治疗"的同时，陪伴者还要给求助者打预防针，让他知道抑郁症是一种复杂的疾病，治疗起来有一定困难，要打一场持久战。"抑郁症是心灵感冒"之类的说法未必可取，因为抑郁症既不像感冒那样常见，也不像感冒那样好治。对抑郁症轻描淡写会让求助者轻敌，一旦治疗无效，求助者可能更加沮丧和绝望，影响后续的治疗。

求医初期：判断自身状态，选择最恰当的治疗方式

当求助者从最初的迷惘和慌乱中镇定下来后，就需要选择干预方式。这时候，陪伴者可以帮助求助者对自己的病情进行一个大概的判断，从而做出选择：是自己调整，还是去看医生？是看精神科医生，还是去找心理咨询师？

一般来说，如果通过各项表征判断求助者只是处于抑郁情绪

和轻度抑郁阶段，就可以采取改变环境等方法自我调整，或者选择做心理咨询；如果到了中度或重度阶段，就要毫不犹豫，抓紧时间到精神专科医院就诊。

具体该如何判断自身状态呢？张进老师分享了自己的体会：要关注情绪起伏，更要关注动力和能力的变化。如果求助者仅仅是情绪低落，那么问题可能还处于心理范畴；如果求助者的工作能力、办事效率甚至生活能力都有一定程度的下降，那就不只是抑郁情绪的状态，而是处于抑郁症的范畴，需要及时进行药物干预。

当进入治疗阶段时，求助者和家属都希望能找到灵丹妙药，一下子就把病治好。此时陪伴者需要帮助求助者打消幻想，面对现实，告诉求助者抑郁症只是一个统称，具体到每一个人，病因、病理、症状各不相同，不存在统一的、标准化的治疗方案。抑郁症的治疗需要时间和耐心，对抗抑郁症不存在"最好的"治疗方式。陪伴者只能根据求助者的个体差异，帮他寻找最适合他的个性化疗愈方案。

药物治疗：解释医生的用药逻辑，提高求助者的治疗依从性

进入治疗期后，求助者的心态会暂时稳定下来，最初的茫然和无助也会有所缓和。在这个阶段，求助者最大的顾虑主要来自三个方面需要陪伴者一一排解。

首先，药物的副作用是每位求助者服药之初都会产生的担忧。毋庸讳言，药物的副作用确实存在，有的表现为口干、视力下降、排尿困难、便秘、轻度震颤及心动过速等，有的可能引起直立性低血压、心动过速、嗜睡、无力等症状。本来求助者对药

物治疗就半信半疑，现在发现吃药不见效，却出现了副作用，这时，求助者往往会非常沮丧。

陪伴者要跟求助者讲清楚什么是副作用、副作用是怎么回事，告诉求助者副作用确实存在，但也没那么可怕，因为副作用出现的概率其实非常低，并不总是出现。副作用的大小可能和药物有关，也可能和求助者内环境有关。无论如何，药物的副作用与精神疾病对人的摧残相比，可以说是微不足道，在疾病和副作用之间，应是"两害相权取其轻"。

其次，要处理好求助者对医生的怀疑情绪。在治疗中，求助者对医生往往有这样的疑虑：问诊过程就这么几分钟，凭什么判断我有病并开药？诊断有什么依据？这些药能见效吗？

针对于此，陪伴者可以告诉求助者，国内精神科医生资源严重缺乏，医生不能给求助者分配更多的时间是无奈的现实。精神科医生看病只针对症状，不涉及心理。在短短的就诊时间内，求助者能做的就是抓住重点，把症状讲清楚。有经验的医生只要能准确掌握患者的症状，再加上"察言观色"，还是能在几分钟内判断病情、正确下药的。

最后，医生开药后，求助者的担心便会转化为对一堆药名的怀疑。这时，陪伴者可以运用自己所知的药物知识，向求助者解释医生的用药逻辑，告诉求助者医生的思路大概是什么样的，为什么用这几种药，从而让求助者从内心深处相信医生，遵从医嘱，争取为最佳疗效打下基础。

遵从医嘱主要表现在服药上，即做到"足量足疗程"。抗抑郁药物有一个特点，一般都要服用三四周甚至更长时间才能见效。而求助者大多性急，发现用药不见效就会失望、沮丧，甚至匆匆停药，前功尽弃。这个时候，陪伴者要给求助者讲解抗抑郁药物的生效机制，让他明白，药物不见效不是药本身不行，而是药力不够，一定要坚持治疗，坚持到药物起效的那一天。

如何判断药物起效也非常重要。如果药物确实起效，求助者会备受鼓舞，情绪得到改善，从而增强信心；如果药物确实无效，且已经足量足疗程，那就应该果断换药，不再耽误时间、浪费金钱，赶紧去试验更对症的药物。在这个问题上，陪伴者也可以根据自己的切身体会，给求助者以具体的指导。

心理治疗：帮助求助者认清自己，找到合适的咨询师

近年来，寻求心理帮助的人越来越多。对于抑郁症，心理治疗肯定有用，而且在每一阶段都会起不同的作用。问题在于，如何找到适合自己的心理咨询师并收到实际效果呢？

大多数求助者对心理咨询的理解是模糊的，他们不懂得心理咨询的原理，也不懂得心理咨询的复杂性，在他们看来，心理咨询师就是一个概念。其实，心理咨询师是差异性最强的群体之一，无论是水准，还是流派或风格，都千差万别，指望随便找一个咨询师就能解决各种问题，无异于缘木求鱼。陪伴者要告诉求助者，心理治疗的本质是自救，在整个治疗过程中，咨询师只是起到引导和推动的作用，最终还是要靠求助者本人。求助者在咨询师的带领下，发现内心被扭曲的情感力量，理清来龙去脉，解决内心冲突，求得身心统一。

如果求助者下定决心寻求心理治疗，陪伴者一定要让他"以我为主"，先找到自己的症结所在，明确自己到底想解决什么问

题，需要哪个流派的咨询，再在这个方向上寻找适合自己的咨询师。

在咨询过程中，陪伴者甚至还可以成为求助者的督导，督促其完成咨询师布置的家庭作业，加强自我练习，最终收到实效。

康复期：坚持服药，锻炼身体，改变内外环境，避免复发

临床治疗见效后，患者就进入了康复期。在这个阶段，避免复发是第一要务。

很多求助者在治疗未见效之前悲观绝望，一旦治疗见效，临床症状消失，便以为大功告成，马上就想停药。在这个阶段，陪伴者可以发挥很大的作用，告诉求助者，临床治愈只是阶段性的，不能匆忙停药，否则就会把自己置身于复发的风险中。

有些患者急于停药还有这样一个理由，"服药就说明病没好，不服药才说明病好了"。这种想法其实很荒唐。无论服药不服药，疾病都客观存在。相反，不服药，疾病就可能会加重；服药，疾病就可能会被控制。陪伴者可以叮嘱求助者，在医生的指导下缓慢减药，减药的维持期尽可能长一些，这样即使出现复发迹象，因为还在维持用药，至少还能抵挡一阵，然后再快速调整用药，遏制疾病复发。

除了坚持服药，心理调整也必不可少。很多患者在临床症状改善后会立刻原封不动地回到原来的生活轨道上，而内心冲突没有解决，外在刺激依然存在，这些都是复发的风险因素。因此，陪伴者要提醒求助者加强心理建设，避开刺激点，增强环境适应能力，追求人格完善。这甚至会成为患者毕生的功课。

　　体育锻炼也是康复的重要环节，很多陪伴者都从中获益良多。陪伴者可以为求助者量身定做锻炼方案，陪伴锻炼也很有必要。

## 家长营：家长的改变是孩子康复的基石

　　青少年，尤其是处于18岁以下未成年阶段的青少年，大部分还没有独立的社会角色，行为和认知很大程度上受监护人（父母）的影响，在抑郁症、双相障碍等精神类疾病的康复方面更是如此。家长要学会和孩子进行有效沟通，多了解抑郁症等精神类疾病的相关知识，在理解孩子的基础上，为孩子营造一个良好的康复环境。这也是渡过推出家长营的初衷和目的。

　　可以说，青少年患者的彻底康复，首先需要家庭环境的改善和父母的良性支持。没有良性的家庭支持，康复无从谈起。因此，针对青少年患者，渡过推出了一个完整的康复系统：家长营—亲子营—复学营—中途岛计划。

　　这套康复系统的最终目的是让患病孩子的生理和社会功能在一个友善的环境里面逐步恢复，并最终回归社会，像普通人一样学习和生活。其中，家长营是康复系统的第一步，也是最基础的一步，非常重要。

　　参加家长营的家长大部分来自渡过家长互助社群。孩子抑郁后，家长普遍会经历"无知、无助、无力、无奈、无望"的情绪，互助社群为他们提供了一个抱团取暖、倾诉情绪、交流经验的场域。当然，仅有这些还远远不够，家长的改变和成长需要专业引领以及持久实践。同时，家长的自我照护也是一件重要的事情。

## 家长营的整体设计理念

赵云丽介绍了家长营是以建立青少年康复的家庭支持系统为核心理念而设计的,以家长的自我觉察和自我成长为基础,帮助家长建立支持孩子的能力。我们会根据家长所属的不同阶段设置不同的内容。

孩子刚生病、刚加入渡过社群的家长,往往会先学习综合通识课,也就是渡过的家长基础课,由精神科医生、心理咨询师、家长营训练导师及陪伴者分项讲解和答疑。通过通识课的学习,家长可以迅速对青少年精神疾病的成因、识别、治疗、康复建立一个完整的认知框架,找到解决问题的方向,梳理自己孩子的状况,建立起应对疾病的家长行动地图。

家长行动地图分为两条路线,第一条路线聚焦于家长该怎么办。家长可以根据各自家庭的痛点,找到调整方向,然后选择不同方向的深化训练营,如以倾听为切入点,建立家庭支持系统的倾听训练营,以亲子沟通为重点的亲子沟通训练营,以复学支持为重点的复学家长营。不管家长参加了哪个训练营,最终都要指向家长的自我觉察、成长与改变,这样才能建立有效的家庭支持系统。此外,陪伴孩子是个长期过程,家长也需要自我充电、照护,渡过也为家长设置了正念、瑜伽等团体。另一条路线聚焦于家长该为孩子寻求什么专业支持。家长可以根据自己孩子所处的阶段和状况,以及家庭的资源条件,选择诊疗服务、心理咨询、陪伴或同伴团体。

## 核心特点

和很多家长课程不同,渡过针对家长的课程多数叫作家长训练营，其最核心的特点是授课加上结合现实生活的实操训练和同伴支持。

如果家长只进行单纯的理论学习，不能结合现实生活，就有可能会为行动造成障碍。渡过的家长训练营老师会带领学员们通过觉察现实生活进行学习，并落实到行动上。一位参加倾听营的家长分享道："课上的互动真的很好，我能明显感觉到内心的焦虑和不安正在逐渐减少。课程让我们能觉察到自己的问题在哪儿，更重要的是，我们通过互动修复了内心的痛苦。有时候孩子也会跟我一起听课，课下会跟我分享一些她的心得体会。在跟我分享的过程中，孩子有时会提起我们曾经对她的伤害和她在学习中的焦虑，换作以前，我会让她去理解我、听我的话，而现在，我能主动去理解她、倾听她，和孩子的关系越来越好。在和孩子的聊天中，她的一些独特的见解甚至会让我大吃一惊，我现在特别开心孩子可以再一次信任我。"

家长的切实转变和成长一定会带来家庭关系的改变和孩子的成长。一位参加亲子沟通训练营的家长分享道："一个热心的网友给我推荐了渡过，那是我重新看待抑郁、走上自我改变的开始，我感觉自己走进了一个全新的认知世界。报名参加学习的时候，我是有所期待的，期待能通过学习帮助孩子。但是，这种期待里也包含疑惑，我带着试试的心态来参加学习，不知道能够有什么样的收获。三个月下来，我的收获远远超过预期，或者说是预想不到的。通过学习，我认识到接纳自己、原谅自己才是真正的爱自己，而且只有充分地爱自己，才能够爱别人，认识到改变需要从自己开始，自己改变了，周围就都会改变。所以我不再把目光放在孩子身上，而是内观自己、提升自己。虽然常常陷入后悔的泥潭，但我能够意识到并想办法从泥潭中爬出来。通过学习，我的夫妻关系也得到了很大的改善。之前我们之间的模式是相互埋怨，以抱怨的方式来交流，三句话没说完就吵架，现在我们能够平静地交流，正面提出要求，以积极的方式互动。我们夫妻相处模式改观对孩子的改变也非常明显。孩子能够耐心地跟我们交流，清晰地表达她的需求，跟我们的关系亲密了很多。孩子的焦虑明显减弱了，这三个月状态比较平稳，并主动提出要开始学习，为春节后复学做准备。"

因为病耻感的存在，很多家长在孩子生病后只能遮遮掩掩，很多话不敢对外人诉说。而家长营提供了一个安全的场域，在这里，大家同病相怜，互助理解和支持，能激发出更多学习和改变的动力。同时，成员间彼此照见，在他人的身上看到了自己未曾发现的部分。

渡过家长营既有专业老师接地气的授课和实操训练带领，同时也是一个支持性小组，每个小组都有带领人。带领人主要在往期家长学员中选拔，他们与这些家长一样，通过了课程的培训以及生活中的实践成长，更有说服力。他们用自己的知识和亲身经历给新进入的家长带去信心和希望。一位参加过家长营并成长为小组带领人的家长回忆道：

让我更欣喜的是参加小组交流会，它相当于一次集体疗愈课。我感动于小组带领人的一颗慈悲心，从同样经历中走出来的他们，能设身处地地理解家长的痛苦，鼓励家长拥有积极的人生观，每一个人都能够利用自己的资源来解决自己的问题。在小组交流中，家长们互帮互助，无私分享人生智慧，抱团取暖。我在这里得到了理解，找到了归属感，结交了志同道合的朋友。平时的生活中，我都戴着面具，与父母不交流，与朋友更不交流。只有在此刻，在安全和开放的氛围中，我可以表达自己和对他人的真实感受，通过自我觉察的反馈方式，进行交流和沟通。在小组中，我在其他人身上看到了自己，就像镜子一样，可我不担心受到攻击和伤害。

一个人的痛苦并不是独有的，而成员之间真诚的分享可以让彼此照见自己，看到不同的解决问题的思路和方法，建立信心，找到方向。

## 亲子营：温暖和成长的力量

渡过亲子营面对的主要群体是无法正常上学、亲子关系欠佳、社会适应较弱、自救意识不强但病情稳定的青少年以及他们的家长。我们要求每个孩子至少有一名家长全程陪同，亲子同步培训。

亲子营的实践发轫于渡过生态疗愈理念，旨在通过人为创造一个空间来帮助家庭改善亲子关系，帮助青少年突破人际瓶颈，打消对学习和学校的厌烦情绪，回归正常的生活。

### 核心特点

#### 共情与接纳的安全岛

起初所有人都不知道亲子营该是怎样的，以及会是怎样的。但有一点我们很确定，亲子营至少应该有包容接纳的氛围和超出一对一关系的集体共情。

一位参加过线下营的爸爸在回忆家长营带来的改变的文章《儿子双相六年后，我在这里找到翻过那座山的力量》中提到："我和其他几乎所有参营的家长一样，带着疲惫、痛苦、焦虑和一点点期盼走进了渡过青岛家长营。而到了营地后，无论是在课堂中，还是在餐桌上，家长们之间相似的境遇让我们摘掉了面具、卸掉了铠甲、打开了心扉、放松了心情，让我们能放松自由地交流和沟通。我体会到了温暖，坚定了帮助孩子战胜疾病、走出困苦的信心，感觉自己拥有了更多的力量。"

亲子线下营分为面向家长和青少年的两个营地，家长和青少年分开活动。其中，家长营的工作人员主要从渡过家长互助群的群主中选拔，他们大都是曾经的患者家长，并在互助社群中积累了丰富的支持家长的经验，帮助家长应对过各种各样的问题。而青少年营的核心人员是青年辅导员，他们全部选拔自国内顶级高校的心理系，经历过系统的心理学训练，同时对心理工作有很大的热情，并通过了渡过星火人才计划的评估面试。对于这个年纪的青少年来说，他们不喜欢被说教，更喜欢大哥哥大姐姐的引领和支持。营地的其他固定工作人员则主要承担后勤等保障类工作。这样的人员设置形成了一个自然的能量场。

成长与发展的专业场

渡过平台负责人之一李香枝介绍，截至 2023 年 11 月，渡过总共办了 26 期亲子营。我们慢慢发现，对于患有情绪障碍的青少年而言，除了为他们搭建一个接纳共情的安全岛外，还需要给予其成长与发展的养分。由此，渡过开始系统化地设计课程，引入更多专业资源，亲子营从整体设计到人员分工上都更具规模，也更专业。

这部分设计主要从家长和孩子两个方面进行考虑。家长活动的设计围绕"疾病知识、互助小组、自我照护"三个部分展开，包括精神科医生、心理咨询师、家庭教育老师的授课，家长小组讨论以及各种体验性的活动。孩子活动的设计则以"找到同伴，激活动力"为核心，营地按年龄和疾病情况对营员进行分组，设置大组活动和小组活动，以轻松有趣的活动为主，并将心理疗愈的元素融入进去，孩子们参加起来没有负担。

到目前为止，亲子营已经可以系统化、规模化、专业化地运行。亲子营包含讲座、交流、互动、远足、游戏、社会实践等多种形式，可以从五个方面帮助家长与孩子：第一，正确认识抑郁，放下包袱，缓解焦虑，树立治愈信心；第二，改善亲子关系，彼此理解、接纳，形成良性家庭氛围；第三，突破人际交往瓶颈，提高适应环境的能力；第四，改进学习方法，打消对学习和学校的厌烦情绪；第五，播下改变的种子，一对一制订复学计划，定期跟踪，直至孩子顺利复学。

延续改变的推动器

亲子营仅有五天六夜的时间，许多家庭在结营时都忧心忡忡：如何将亲子营的好状态带入到日常生活之中呢？

我们深知短短五天的训练营只能"播下改变的种子"，任何精神层面的变化都不是一朝一夕的。如果家长和孩子回家后不从行动层面改变，那么参加这次活动的效果就是有限的。我们也期待线下亲子营的结营不是结束，而是新的开始。

经过观察，我们发现孩子和家长们都有不同程度的进步。实践证明，改变生活方式是应对抑郁症的一条有效的出路。

李香枝介绍，渡过在亲子营生态能量场延续方面做过很多尝试，比如训练营结束后，家长们"结营不散伙"，仍会聚集在微信群里彼此互助、共同学习、抱团取暖。渡过也推出了线上家长营，涉及倾听、亲子沟通、厌学、休学、复学和个人成长等不同主题，周期从 15 天到 3 个月不等，让天南海北的家长通过网络空间彼此支持。而对于参加过训练营的青少年，渡过开辟了青春号线上社团——渡过青少年活动的后花园，它为青少年提供了持续的同辈支持和丰富有趣的活动，社团以兴趣进行划分，包括电台社、追星社、读书群、宠物群、音乐社等 11 个版块。青少年可以在这里分享交流，互帮互助，定期开展活动，彼此陪伴成长。

这些例子佐证了亲子营的生态能量场在结营后依然会延续。亲子营正是以集体的力量和鲜活的生活，构建了个人无法独立掌控的生活方式和行为模式，并让每一位成员在此过程中更新和完善着自己的生命状态。

## 渡过中途岛计划：复学营、生活营与生态疗愈基地

开办复学营这个设想由来已久。2017 年，张进老师在全国范围内启动了抑郁症康复者寻访之旅，这段经历也让他意识到，抑郁群体中最难康复的是青少年心理障碍患者。他们的身心尚在发育中，对世界和自我的认知还不稳定，承受着远超成年人的压力和负荷。他们的生活单一而枯燥，当因疾病而休学时，他们会

被自责和焦虑裹挟，手足无措，失去方向。一个孩子患病，整个家庭往往都会被带入痛苦的深渊。

为了帮助这样的家庭，渡过在亲子营的基础上进一步筹划，以恢复高三孩子学习能力为目标，开办了复学营。

## 复学营

复学营和亲子营的区别是什么？概括而言，复学营是亲子营的延伸，是孩子复学旅程上的中途岛。

很多孩子经过治疗和调整，已经具备了复学的能力。但是由于脱离学校过久，他们在心理上、学业上很难一下子适应原来的环境，如果仓促应战，可能一触即溃、身心俱损。所以，我们需要在休学和复学之间设立一个缓冲地带，作为他们回归正常校园生活的中途岛，这就是复学营的意义。

其实，还不止于复学。高考在即，有的父母甚至希望自己的孩子能够应考。一位妈妈曾说："家长是贪心的，当孩子有生命危险时，心想孩子能活下去就成；一旦治疗见效，又希望他能上学，能参加高考，甚至考上好大学。"家长这样的心愿是可以理解的，这个需求也最为迫切。

尽管如此，我们并不以参加高考为核心目标。复学营的理念是"全人关怀"，从陪伴、运动、交往、适应等多方面入手，逐步帮助孩子扫除有关学习的心理障碍。这也是渡过复学营和一般高考集训营的区别所在。具体而言，复学营的核心理念是表达与看见、流动与交融、温暖与力量、体验与连接、接纳与改变。在此基础上，复学营将帮助学员尽可能恢复学习动力，完成学业，参加高考。

负责复学营筹划和执行的梁辉老师介绍，渡过聘请了文化课老师，让孩子保持学习节奏，同时提供专业的心理咨询和陪伴，维持孩子的活力。

随着复学营一次次的开办，渡过也一直在总结经验，在这个过程中，逐渐形成了对复学营比较完整的理解。

首先，复学是指让休学的孩子恢复学习的动力和状态，而不是狭隘地让他们回到过去的学校和班级。

每个孩子都不一样，他们的个性不一样，抑郁的原因不一样，虽然都在休学，但所处的阶段也不一样。因此，他们回归学习生活的路径必然是个性化的。有的孩子可能适合回到原来的班级，有的孩子可能需要转学，有的孩子则可能更合适进入目前社会上出现的更新型、更宽松的学习环境。总之，当孩子的临床症状有所改善时，一定不能长期窝在家中，家长要想方设法让孩子逐渐接触社会，加强人际交往，打消学习恐惧，回到这个年龄本应有的学习生活中去。

不排除部分家长急功近利，把复学狭隘地理解为"回到休学之前"。这种观点是需要纠正的，如果家长急于逼迫孩子原封不动地回到休学前的状态，最后必然会失败，甚至会给孩子带来二次伤害。

其次，我们一定要知道，复学只是最终的结果，其过程很漫长，涉及许许多多环节。要想实现复学，一定对孩子的情况通盘考虑，分析孩子休学至今的所有状况。

渡过的课程是根据孩子的实际情况设计的，课程重点并不是讲如何复学，而是区分孩子从休学到复学可能经过的几个阶段，帮助家长分析孩子在不同阶段的心理需求，从而找到正确的应对办法。复学好比足球比赛的"临门一脚"，更多的工夫应该用在应对休学中出现的问题上。也就是说，渡过的课程是告诉家长在孩子不同的休学阶段应该做些什么，而不是无所作为或随意而为。当家长把休学阶段该做的事都做好，那么最后的复学就是水到渠成，而非揠苗助长。

## 生活营

李香枝说，以复学营项目为延伸，渡过在 2021 年开发了不局限于高三学生，而是面向所有休学在家的孩子的青少年之家生活营项目，旨在为休学在家的青少年搭建从家到学校的中转站。其核心理念是"在实践中成长，在体验中学习"，通过提供一个具有接纳性、支持性的环境，让每个孩子在丰富的实践活动和友善的团体互动中做真实的自己，自在生长，激发出内在蓬勃的生命力和创造力，共同探索更适合自己的成长方式和生命状态。

生活营项目聚焦三个方面：

第一，陪伴与支持。生活营由心理专业的辅导员老师带领有相似经历的学员们组成同伴支持小组，这里不仅有来自同伴的支持，更有专业老师的引领。老师会在活动中跟进每一位学员的情况，当学员需要在团体之外引入更多支持（比如个体咨询）时，他们会及时与家长一对一联系，提供专业方向上的建议。项目组同时聘请了资深的督导老师，每周与辅导员团队复盘团体情况，给予针对性的专业支持。

第二，实践与体验。生活营强调知行合一，在实践中成长，在体验中学习。通过户外活动、动手制作、专题讨论等多元有趣的活动，让孩子们体验现实场景。在这个过程中，孩子们的固有模式会再次呈现，但在专业老师的引领以及同伴的支持下，孩子们可以在安全的环境里做些不同的尝试，积累不同的经验，进而拓宽看待问题的视角和解决问题的思路。

第三，复原与成长。复原力源于联结身体、情绪、思维经验相关信息的能力，连接并整合这三个方面的信息对于提高个人素质和应对挑战非常重要。渡过会在活动中让孩子动手操作、动脑思考，并且引导他们处理自己的情绪感受，提升复原力。经过一段时间的训练，青少年不仅可能恢复到生病以前的状态，还可能有更进一步的成长，从而更好地应对未来更多的挑战。

## 生态疗愈基地

为了满足全国更多青少年的需求并将更多的生态疗愈元素融合，渡过于 2020 年开始构思建立一个涵盖药物治疗、心理治疗和社会治疗，集学习、疗愈、就业、成长为一体的生态疗愈基地，将渡过线上和线下的局部尝试进行融合。

建设生态疗愈基地的设想源自 2017 年 5 月的一天，在北京大学第六医院院长助理原岩波的带领下，张进老师走访了北京海淀区精神卫生防治院，那里的院内康复项目令人印象深刻。更打动人的是这家医院对患者的尊重、信任、人道关怀，以及对人的主体性和自我成长的信念。

抑郁疗愈，尤其是对复杂多元的病患的疗愈，必须有相对宽裕的时间和空间，需要创建一个完整的，涵盖药物治疗、心理治疗和社会支持的生态能量场，让孩子们在这里找到安全感。对于生态疗愈基地的设想，张进老师在 2019 年的新年献词中提到：

基地可能设在农村或城郊，盖几间房，开几块地，建几个工场。在这里，孩子们可以治疗，可以学习，可以种地，可以做工。这本身就是鲜活的生活，是实实在在地创造财富，孩子们可以在此过程中更新和完善自己的生命状态——这就是集学习、疗愈、就业、成长为一体，让患者最终回归家庭、回归社会的中途岛。

目前，首个渡过线下生态疗愈基地已进入建设竣工后的筹备阶段，渡过希望在条件成熟后总结可复制的模式，建设多点支持，满足不同区域抑郁青少年的需求。

## 青少年劳动成长计划：行为激活、关系重建、劳动疗愈、价值实现

在陪伴者计划运行三年后，渡过又推出了一个新的项目——青少年劳动成长计划，其核心内容是为因病休学、已进入康复期的青少年提供劳动机会，让他们在劳动中结交同伴，相互合作，训练技能，获得收入，实现康复。

该计划的实施包括以下步骤：

第一，把孩子们的需求集合起来，发现他们的能力，挖掘他们的潜力。

理论上，因病休学、厌学、短期内无法复学，需要走出自我封闭、链接社会的孩子都可以参加这个计划。但要自始至终完成这个计划仍然需要具备一定的条件。渡过大概设定了一些条件，能达到这些条件的就是比较理想的参与人选。

（1）有求助意愿或自救之心；

（2）愿意建立同伴合作关系；

（3）临床治疗见效，症状减轻，情绪平稳，动力回升；

（4）有一些爱好或技能。

第二，为孩子们提供适合他们的岗位并让他们自主选择。在提供岗位的同时，也为孩子们提供基础培训，让他们学习社会规范，懂得分工与合作，习得一技之长。

第三，根据工作成绩给予匹配的报酬，激发孩子们的自我价值感，帮助他们获得自信和自尊。

在这些步骤中，最关键的问题是如何提供合适的工作岗位。关于此，渡过已经形成了一些经验，认为可以在渡过内部挖掘一些岗位，如公众号的作者、编辑和运营，小视频的制作者，线上课程的技术支持，线下活动的现场服务，等等。

此外，渡过也会鼓励参与计划的孩子们发挥能动性，自己设计岗位，生产出各种产品，通过渡过平台向群友推介。

同时，渡过也会向家长们和全社会寻求支持，希望大家能够提供更多的岗位，但这需要做大量的组织、协调和对接工作，难度不小。为此，渡过设立了专门的部门和人员来衔接供方、需方和第三方，多方共同探索青少年劳动成长计划。

青少年劳动成长计划是渡过金字塔的塔尖，其要义是"找到一个支点，激活生命状态"。它既是渡过各种探索的集大成者，又将反过来补充、丰富和升华渡过的各项实践。目前，该计划已累计为 200 多名青少年提供过实践机会。

依托于该计划，渡过创建了全国首个完全由情绪障碍青少年发起和创造的表达空间——渡过青春号。编辑、美编、投稿作者、漫画画手、视频剪辑师全由这些孩子们担任。公众号的设立理念是成为被情绪障碍所困扰的孩子们的心理加油站，让孩子们在这里获得共鸣，找到同行的伙伴。

青少年的声音，尤其是青少年伤痛的声音，一直以来是被大众忽视的。大家更愿意去为"别人家的孩子"鼓掌叫好，而极少关注一个抑郁少年痛苦的呻吟，这些一度被认为是负能量的感受被拒绝表达，也被拒绝倾听。其实，能表达出痛苦的经历就是一种疗愈的方式，相似的体验引起的共鸣就是相互支持的开始。

渡过希望能帮助青少年患者表达自己的感受，让他们的声音能被更多人听见，希望帮助正处于迷茫和彷徨中的青少年找到一个能暂时停下来养精蓄锐的"家"。

渡过青春号的文章里包含了孩子们在生病期间对生命和生活的思索，对未来的期望，想对父母和对自己说的话，等等。渡过青春号设立了哄睡电台、漫画、渡过解忧铺、社会大学、只言片语等版块，涵盖了这个年龄段共性的话题，也收集了这个群体独有的声音，如休学、社恐、自残等。

除了渡过青春号的版块内容之外，青少年兴趣社群是孩子们的另一片天地，能够让更多的孩子参与进来，施展自己的才华，挥洒热爱。经过一年的发展，十个孩子通过选拔和历练，成了兴趣社群的首批群主。

每个兴趣社群是由每个群主依据自己的爱好创立的，并由孩子们独立运营。现有的十个社群分别是：读书学习群、手工群、动漫群、电台群、追星群、电影群、灵魂发问群（科普群）、游戏群、宠物群、qq读者群。除了每个社群自发组织的活动，兴趣社群还有几款覆盖全社群的主打活动，也由孩子们自发创办和运营，包括唠嗑会、社群橱窗等。

"用微光吸引微光，用微光照亮微光"，孩子们的光芒正在逐渐汇聚。除了能找到倾诉的地方，渡过还希望青少年能参与到更多的创作和创造中，希望能有更多的版面和空间让更多的青少年发挥自己的才能，帮助他们找到归属感与价值感。相信这是一场温暖的自我拯救之旅。

拓展
阅读

## 线上支持模式探索：开创式的青少年线上同伴支持营

即便有着休学、服药、自伤自杀、住院等经历，当孩子们相聚在线上时，彼此间依旧能创造温暖的团体氛围，能留意生活、分享日常，能敞开心扉、互诉衷肠，能有动力坚持一件美好的小事，能相互扶持、共同进步。

面对孩子之间的相互支持，瓶子老师说道："抑郁症并非所向披靡。"这句话也一度成了渡过线上营的核心理念。

作为线上营的发起人之一，瓶子老师曾经也和大多数患抑郁症的孩子一样，深切地经历过那些黑暗且痛苦的时刻。她曾窝在家里拒绝社交，不肯起床、洗漱；捧着手机把疲惫挂在嘴边，感受不到快乐；知道很多道理但行动不起来，在人群中感觉自己无趣、乏味、格格不入，陷入否定自己的恶性循环里无法自拔……

瓶子老师康复之后成了青少年陪伴者，她深刻感受到，大多数抑郁的青少年往往会表现出习得性无助的归因方式，自我封闭，仿佛陷入泥淖，无力挣扎。抑郁妨碍了青少年完成重要的发展任务，打断了其同一性的发展。于是她、黄鑫和一群志同道合的心理学、精神医学工作者聚在一起，希望能创建一个适合情绪障碍青少年的心理与教育同步发展的线上社交环境，青少年线上营由此萌芽。

经过细致的讨论，我们最终确定线上营的时间为 21天，以辅导员与营员 1：8 的配比招募营员。招募对象是12～26 岁，有抑郁情绪、焦虑症状、社交恐惧等困扰，希望探索生涯发展、寻求同伴支持的青少年。活动以全天微信社群支持搭配 90 分钟晚间活动的模式进行。

那为什么将时间确定为 21 天呢？在行为心理学中，人们把一个人的新习惯或新理念形成并得以巩固至少需要 21 天的现象称为 21 天效应。也就是说，一个人的动作或想法，如果重复 21 天，就会变成习惯性的动作或想法。

我们期望能在这 21 天里迈一小步，帮助营员逐渐养成一个好的生活习惯、一个良性的思考方式或者发现一个爱好、找到一个有安全感的团体。

在 21 天的线上营里，我们试图让青少年在被充分尊重和理解的环境中，在同伴力量的支持下实现成长。线上营以"自我觉察—动力提升—人际关系—目标寻找"为课程的逻辑，为处在不同阶段的青少年患者提供部分的解决方案。

德国哲学家费希特曾说："教育必须培育人的自我决定能力，首先要做的不是去传授知识和技能，而是要有唤醒学生的力量。"在 21 天的线上营里，我们希望为"唤醒"而努力，并试图为孩子们创造和满足四种需要。

## 关系的需要

当孩子们需要抒发情感，需要有人陪伴时，营里每一个伙伴都是彼此的倾听者、陪伴者、支持者。在线上营中，我们会产生一种奇妙的"在一起"的感觉。在抱持的环境中，大家会证明，人所有的情绪——愤怒、伤心、害怕、愉悦、羞耻、好奇等都是正常的、可被接受的。

在线上营中，我们"在一起"，和孩子的情感体验产生共鸣，并调整适应他的情感体验，直到他的情绪平息下来。"在一起"意味着共情孩子的感受，如果我们能够听到他的需要，他就会感受到"有人陪我一起待在这些困难的情绪里，这让我能够找到走出困境的办法"，仿佛有人在对他说"我理解你的感受，而且我会和你一起等待事情变好"。

"在一起"意味着对情绪表达出来的需要做出回应，

包括需要温暖、安慰、食物、睡眠、鼓励，等等。"在一起"这个词语看起来很简单，却代表了孩子强烈的需要，如果这个需要被回应了，就能为一生的良好关系打下基础，为完成大量发展性任务以及获得成年人应具备的能力做好准备，为信任、自我调节甚至生理健康铺平道路。

## 自主选择的需要

在营期间，没有任何一件事是我们要求孩子们去做的，我们会给大家充分的选择权，希望孩子们自主选择自己感兴趣的活动，尊重对美好事物的认知并且开始践行。在一次夜间活动中，我们问孩子们："上一次让你们兴奋以至于废寝忘食的事情是什么？"大家纷纷沉默，直到后来有人问，高考和熬夜做作业算吗？这个回答让人心酸又痛心。青春本该意味着朝气、蓬勃而有力量，孩子们本应花更多的时间在自己所热爱的、真正感兴趣的领域。我们内心期望从线上营开始，孩子们能去寻找并尝试那些让自己兴奋的时刻，或许关键时刻就是一个出口、一种可能性。

大家看了可能会担心，如果让孩子自己选择，孩子选择全程不参与怎么办？

这种情况真的有，而且还不少。线上营中几乎每一期都会有几个孩子全程不参与活动，或者来到线上营后不发言不打字，好像就只是在挂机。但很神奇的是，有的孩子即便全程不讲一句话，最后结营反馈的时候也会留下在营内的第一句话"参加这次线上营我很开心"。还有的孩子沉默地参与一期后，又默默报名下一期线上营，参与两三期之后开始能打字沟通，再到后面，慢慢能语音互动。

所以家长完全不用担心，请尊重并包容孩子短暂的停滞和犹豫，相信孩子具有自主选择的能力，信任本身就是一种力量。

## 胜任的需要

当发现孩子们有特长时，我们也希望能给他们充分展示自我的机会，如写文章、写诗、绘画、剪辑视频、户外经验分享等。因为他们有自我实现的需求。

我们在三年的活动中发掘了许多孩子的特长，惊喜于大家横溢的才华，也期望让更多人看到。于是我们每一期线上营都会搜集并整理孩子们的作品，将它们发表在渡过青春号上。

有一位营员，我们陪伴其从未成年到成年，他曾多次参与线上营，从沉默寡言变得积极活跃。后来，他慢慢复学成功，也就逐步离开线上营了。最近他突然在微信上给我们留言："谢谢你们当初能欣赏我那一点点微不足道的光芒，让我有勇气去发光发热。"我们看到留言后也很感动，孩子们需要的真的不多，也并不昂贵，他们需要的是被看见、被欣赏、被鼓舞，从而产生胜任的需要，自然而然地往前走，好好地长大。

## 发展的需要

生病的孩子也需要教育，但他们需要的不一定是语数外等学科教育，而是需要随着年龄增长必备的知识、素养、能力的教育。

青春期孩子本身就处在变革期，无论是心理还是生理都需要养分。而受到情绪困扰的青少年们因心理困境消耗了成长的能量，没有多余的精力以供发展。发展这个词不局限于学校的课程学习，而是指某种在人类社会中生存必备的素养和能力，毕竟通过义务教育出来的孩子也未必发展得很全面。

经过三年与情绪障碍青少年的接触，我们发现，休学本身带来的社会影响是让孩子与传统教育暂时脱离，这样的脱离有显而易见的好处，那就是让孩子离开应激环境，能安心养病。同时，休学也会有不良影响，不是在学历履历上留下的记录，也不是落下的功课难以弥补，而是一旦休息久了，青少年就会陷入发展的停滞状态。

生病的孩子需要休息，但休息久了又会停滞，停滞久了状态又会变差。所以孩子们既需要休息，也需要发展的环境。

孩子们需要学习的是理解情绪的能力、观察与理解社会事件的能力、保护自己的能力、自主生活的能力，等等，这些能力大部分与社交相关，也与自我相关。这样的能力有时可以在学校内学习，毕竟是处于人群中，同龄人之间的情绪碰撞和观点碰撞、学校内开展的活动等都可以帮助孩子发展出这部分能力。

休学在家的孩子因为养病而错过了这样的发展环境，而家长虽然希望孩子出去走走逛逛，或者去学习补课等，但这些都无法持续满足孩子发展情绪和社会化的能力。

线上营能否建构出这样的环境呢？我们正在努力尝试。

国内外有许多线下的项目在试图做这样的事情，包括渡过也开设了五天六夜线下营以及青少年之家生活营等项目。但不得不承认，地域、人力包括财力限制，使得普通家庭无力承受这样的线下项目。所以我们也在思考，项目能否惠及更广泛的青少年群体，以线上的模式创造一个社交疗愈且兼顾发展的环境。

渡过线上青少年营做了近两年的尝试，越加清晰地看到了未来发展的方向，希望能够为孩子们创造一个安全社交的环境，同时也提供支持成长的空间。

我们会进行 21 天的美好计划打卡，鼓励孩子们找到自己心目中美好的事情并坚持下来，在这个过程中，孩子们的许多小美好迸发了出来，如写作、唱歌、散步、做饭、探店等。社群互动帮助孩子们慢慢进行交流和分享，每天的晚间活动让他们能线上视频或语音交流，分享自己的故事。晚间活动设立"心理岛""三日谈""看世界沙龙""游戏日""小组聚会"等板块,既提供心理表达的空间,也提供游戏娱乐的时间。其中,"看世界沙龙"会邀请各行各业的人来分享自己的人生故事,让孩子们看到人生的另一种可能性。

正如欧文·亚隆在《直视骄阳:征服死亡恐惧》一书中提到的:这些动人心魄、难以平复的体验才能引发人们真正觉醒,把我们从日常琐事中拉出来,拉进本真的存在之中。

在三年的线上营中,我们陪伴了近千名患有情绪障碍的青少年。春去秋来,人来人往,我们目送着孩子们成长远去,又迎来新的伙伴们。

我们希望无论何时,当孩子们难受、迷茫、痛苦、煎熬时,大家可以有这样一份信念——抑郁也并非所向披靡。

而这三年成功的线上实践,也拓宽了我们对生态疗愈体系的想象,那就是打造线上与线下相结合的生态疗愈社区。

## 打造全人关怀的生态疗愈社区

渡过的运行方式可以用三句话进行概括:以患者为中心,以问题为标靶,以治愈为目的。可以说,渡过的创建和发展,每一步都是被需求所推动的。多年来,渡过始终面对真实需求,致力于解决实际问题,并从患者的疗愈中获得方向和力量。2018年末至今,我们以陪伴者计划为抓手,从社会支持层面做了很多探索，并陆续成立了心理咨询中心和渡过诊所，逐步建立了以"医疗-心理-社会支持"为专业支撑，以"抑郁科普""互助社区""青少年抑郁完整解决方案"为核心板块构成的生态疗愈社区。

青少年患者和家长可以通过线上或线下的方式找到适合自己的解决方案，一部分症状较轻的患者仅仅通过社群互助就能解决问题；一部分症状单一的患者，在参加了线下营、线上营或青少年生活营后，也能不同程度地解决问题；那些情况复杂多元、身心症状合并、家庭支持不够的患者，需要分阶段匹配医疗、心理和社会资源。

我们继续办好公众号，已经形成主号、青春号、家长号三个内容矩阵；我们进一步发展社群生态，扩大群众基础，这是渡过长期发展的保证；我们加强陪伴者培训，使陪伴者计划进入专业化、规范化轨道；我们在线上线下举办各类成长营和家长营，用社会学方式探索团体互助模式；我们在全国范围内布局同城会，开办渡过地方之家，打造各式各样的差异化疗愈场。在这样的摸索过程中，我们达成了基本共识：

（1）青少年的心理问题不是单一因素导致的，一定是多种复杂因素（生理、家庭、学校、社会）共同作用的结果。家长要解除焦虑，不能限时限刻让孩子好起来，一定要留出充分的时间，欲速则不达。

（2）抑郁青少年的共同特征是内心惶恐，因此渡过的生态疗愈社区要把建立安全感作为首要问题和重中之重。不能急于治疗，而要想方设法让孩子们安心，鼓励他们发现同类，形成朋辈共同体，敢于表达并能够相互看见。

（3）先建立生活秩序，才能建立学习秩序。渡过启动劳动成长计划、生活营、疗愈基地等各类项目，让孩子们拥有一个空间，逐步激活自己，自主安排自己的生活，只有这样才谈得上疗愈。

（4）问题和机遇是同时存在的。要看见每个孩子，从他们存在的问题中发现隐藏的资源，以此来设计个性化疗愈方案。

（5）把每个孩子作为独立的人格主体，不是急着单向改变他们，而是让他们成为改变的主人。要全员参与规则制定，然后用行为主义的方式激励所有成员遵守规则，学会自律，最终获得自由。

（6）不说教，而是通过身体的体验和表达，让孩子们自己去领悟什么是对的、什么是错的、什么是对自己有好处的，从而自行选择怎么做。

（7）给孩子们创造一个人际链接的能量场，让他们学会寻求团体支持。有冲突没关系，吵架也没关系，因为冲突是相处的契机，孩子们可以在冲突中学会合作，在合作中拓展秩序，这就是哈耶克说的"人类合作的扩展秩序"。

除了以上这些共识，我们还在各个项目中融入了教育元素。很多年前，张进老师就预感到，总有一天，渡过会进入教育领域，甚至可以说，渡过的实质就是教育。未来我们还会考虑办学，当然这有别于目前的应试教育，而是面向休学的孩子，开设科学课、人文课、美学课、心理课、体育课、劳动课、技能课等，孩子们在休学期间或许还能学到一技之长，甚至作为立身之本。既然已经脱离主流应试教育轨道，那么不妨给自己一个机会，开启新的教育和人生，这就是自由、生活、生命。

总之，渡过要创造这样一个空间，让每个来到渡过的孩子成为自身疗愈的主人，在同伴关系中和专业支持下实现相互疗愈和自我疗愈。而疗愈只是自然呈现的结果，孩子们最终必然会实现生活方式的全面调整，并获得整体提升。

## 当下与未来

渡过已经初步搭建了完整的线上和线下相结合的生态疗愈空间，这个空间包含了抑郁科普平台、抑郁患者社区和抑郁完整解决方案平台。渡过目前有 200 多个互助社群，覆盖 10 万患者和家属，包括患者社群、家属社群、心理专区、药物专区、地域专区和各类主题板块。社群群主由热心的康复者及家属担任，为群友提供公益陪伴和支持。社群每天都会产生大量话题，涵盖了患者及家属在不同病程、不同病种中涉及的方方面面，包括求医问药、休学复学、工作生活，等等，人们的故事和经验彼此温暖，彼此支持，他们也在这里自我成长，自渡渡人。渡过汇聚了一批有着共同理想和情怀的专业人员，他们扎进患者和家属群体里，深入了解患者及家属的需求和痛楚，创作专业、接地气、有温度的科普内容。目前，渡过已搭建针对不同用户和不同主题的，以公众号和视频号为主的矩阵，推出涵盖文字、直播等形式多元的科普，每年产出 500 篇以上原创专业科普文章、患者故事和经验分享，以及 500 部以上视频作品。

渡过的专业解决方案源自社区的需求，服务于社区的群友。遵循生物 - 心理 - 社会现代医疗模式，涵盖医疗、心理和社会多维度支持，从患者、家庭、同伴、学校、环境全方位入手，提供预防、识别、治疗、康复的全病程服务。根据每个用户的阶段、病情、个性特征、环境条件等，匹配合适的资源，提供精准的解决方案并全程跟踪服务。目前，渡过以"诊疗中心""心理中心""陪伴中心"为专业依托，从家庭视角搭建了"家长支持中心"和"青少年支持中心"，温暖而又专业的青少年抑郁完整解决方案体系初步成型。

渡过最初的理想是建设一个中途岛，那些失去方向的、流离转徙的、困顿疲惫的、孤独无望的人们，可以暂时来到这里休憩、学习、劳动、创造、康复。

9年来，这个中途岛迎来了一批又一批青少年，通过提供温暖而专业的支持，这样青少年的症状逐步消失，社会功能开始恢复，心智也慢慢走向成熟。渡过就这样护送着一批批青少年回到学校，回归社会，目送他们远离。渡过有一点儿像父母，目送孩子们离家，欣慰又有些不舍，但是必定要让孩子们踏上他们自己的征程。

这些康复的青少年都有了自己明确的人生方向，有很多青少年选择了心理学和医学相关的专业，有些青少年留在了渡过工作，还有很多家长在孩子康复后也留在了渡过，成为群主、陪伴者，开始了他们"知行合一，自渡渡人"的旅程。

经历了这一切困顿和觉醒后，孩子们和他们的家庭从中汲取的智慧和力量让他们今后的人生无比坚定、从容和自信，这份力量传递下去，又给了那些刚刚陷入困顿的青少年和家庭信心。在渡过的社群中浸泡一段时间后，越来越多的家庭把眼前的困境变成了带动整个家庭改变和成长的机会。

# 儿 童 期

## 《自驱型成长：如何科学有效地培养孩子的自律》

作者：[美] 威廉·斯蒂克斯鲁德 等 译者：叶壮

樊登读书解读，当代父母的科学教养参考书。所有父母都希望自己的孩子能够取得成功，唯有孩子的自主动机，才能使这种愿望成真

## 《聪明却混乱的孩子：利用"执行技能训练"提升孩子学习力和专注力》

作者：[美] 佩格·道森 等 译者：王正林

聪明却混乱的孩子缺乏一种关键能力——执行技能，它决定了孩子的学习力、专注力和行动力。通过执行技能训练计划，提升孩子的执行技能，不但可以提高他的学习成绩，还能为其青春期和成年期的独立生活打下良好基础。美国学校心理学家协会终身成就奖得主作品，促进孩子关键期大脑发育，造就聪明又专注的孩子

## 《有条理的孩子更成功：如何让孩子学会整理物品、管理时间和制订计划》

作者：[美] 理查德·加拉格尔 译者：王正林

管好自己的物品和时间，是孩子学业成功的重要影响因素。孩子难以保持整洁有序，并非"懒惰"或"缺乏学生品德"，而是缺乏相应的技能。本书由纽约大学三位儿童临床心理学家共同撰写，主要针对父母，帮助他们成为孩子的培训教练，向孩子传授保持整洁有序的技能

## 《边游戏，边成长：科学管理，让电子游戏为孩子助力》

作者：叶壮

探索电子游戏可能给孩子带来的成长红利；了解科学实用的电子游戏管理方案；解决因电子游戏引发的亲子冲突；学会选择对孩子有益的优质游戏

## 《超实用儿童心理学：儿童心理和行为背后的真相》

作者：托德老师

喜马拉雅爆款育儿课程精华，包含儿童语言、认知、个性、情绪、行为、社交六大模块，精益父母、老师的实操手册；3年内改变了300万个家庭对儿童心理学的认知；中南大学临床心理学博士、国内知名儿童心理专家托德老师新作

更多>>> 《正念亲子游戏：让孩子更专注、更聪明、更友善的60个游戏》 作者：[美] 苏珊·凯瑟·葛凌兰 译者：周玥 朱莉
《正念亲子游戏卡》 作者：[美] 苏珊·凯瑟·葛凌兰 等 译者：周玥 朱莉
《女孩养育指南：心理学家给父母的12条建议》 作者：[美] 凯蒂·赫尔利 等 译者：赵菁

# 青春期

## 《欢迎来到青春期：9~18岁孩子正向教养指南》

作者：[美] 卡尔·皮克哈特 译者：凌春秀

一份专门为从青春期到成年这段艰难旅程绘制的简明地图；从比较积极正面的角度告诉父母这个时期的重要性、关键性和独特性，为父母提供了青春期4个阶段常见问题的有效解决方法

## 《女孩，你已足够好：如何帮助被"好"标准困住的女孩》

作者：[美] 蕾切尔·西蒙斯 译者：汪幼枫 陈舒

过度的自我苛责正在伤害女孩，她们内心既焦虑又不知所措，永远觉得自己不够好。任何女孩和女孩父母的必读书。让女孩自由活出自己、不被定义

## 《青少年心理学（原书第10版）》

作者：[美] 劳伦斯·斯坦伯格 译者：梁君英 董策 王宇

本书是研究青少年的心理学名著。在美国有47个州、280多所学校采用该书作为教材，其中包括康奈尔、威斯康星等著名高校。在这本令人信服的教材中，世界闻名的青少年研究专家劳伦斯·斯坦伯格以清晰、易懂的写作风格，展现了对青春期的科学研究

## 《青春期心理学：青少年的成长、发展和面临的问题（原书第14版）》

作者：[美] 金·盖尔·多金 译者：王晓丽 周晓平

青春期心理学领域经典著作
自1975年出版以来，不断再版，畅销不衰
已成为青春期心理学相关图书的参考标准

## 《读懂青春期孩子的心》

作者：马志国

资深心理咨询师写给父母的建议
解读青春期孩子真实的心灵
解开父母心中最深的谜